AF384136

NOUVELLES EXPÉRIENCES

SUR

L'ÉVAPORATION,

Par A. COLLIN,

Ingénieur en Chef au Corps impérial des Ponts et Chaussées.

Mémoire couronné par l'Académie des Sciences dans sa séance du 6 février 1865.

ORLÉANS,

H. HERLUISON, Libraire-Éditeur.

1866.

ATMIDOMÉTRIE.

ORLÉANS. — IMPRIMERIE D'ÉMILE PUGET ET Cie, RUE VIEILLE-POTERIE, 9.

ATMIDOMÉTRIE.

RECHERCHES EXPÉRIMENTALES

SUR

L'ÉVAPORATION,

Par A. COLLIN,

Ingénieur en Chef au Corps impérial des Ponts-et-Chaussées.

Mémoire couronné par l'Académie des Sciences dans sa séance du 6 février 1865.

ORLÉANS,

H. HERLUISON, Libraire-Éditeur.

1866.

(Extrait des *Mémoires de la Société d'Agriculture, Sciences, Belles-Lettres et Arts d'Orléans*.

ATMIDOMÉTRIE.

RECHERCHES EXPÉRIMENTALES

SUR

L'ÉVAPORATION[1].

CHAPITRE Ier.

HISTORIQUE DES TRAVAUX ENTREPRIS JUSQU'A CE JOUR SUR L'ÉVAPORATION.

L'idée de mesurer, par des observations directes, les quantités de *pluie* qui tombent annuellement sur divers points du globe et l'intensité de *l'évaporation*, c'est-à-dire du phénomène de la transformation de l'eau en vapeur (2), ne paraît pas remonter, que nous sachions, à plus de deux ou trois siècles; on a fait varier, à l'infini, la forme des instruments qui ont servi à ces observations ; mais les principes sur lesquels ils reposaient étaient généralement les mêmes.

Lorsque Louis XIV fit construire les réservoirs destinés à

(1) Ce Mémoire, couronné par l'Académie des Sciences, dans sa séance du 6 février 1865, a obtenu le prix au concours de 1863. Il est détaché d'un travail général commencé en 1850 sous le titre de : *Hydrognosie de la Bourgogne*, que l'auteur n'a pu terminer.

(2) Ces deux branches de la Météorologie sont désignées par les noms de : *Udométrie, Atmidométrie*.

l'alimentation des bassins et jets d'eau composant le merveilleux système hydraulique de Versailles, Colbert et Louvois qui se succédèrent dans la surintendance des bâtiments de Sa Majesté, voulurent être renseignés sur les quantités de pluie dont on pourrait disposer pour le remplissage de ces réservoirs et sur l'évaporation. Louvois chargea particulièrement Sédilleau, membre de l'Académie des sciences, d'entreprendre une série d'expériences pour résoudre cette question à laquelle il attachait, avec raison, le plus grand prix (1).

Observations de Sédilleau à Paris.

Sédilleau fit sur la terrasse de l'observatoire de Paris, pendant trois années, 1688, 1689, 1690, des expériences dont les résultats sont indiqués ci-dessous :

ANNÉES.	PLUIE.	ÉVAPORATION.
Du 1er juin au 31 décembre 1688.............	0^m 311	0^m 606
Année 1689.............................	0^m 489	0^m 880
Année 1690.............................	0^m 569	0^m 836

Sédilleau tire de ce tableau les déductions suivantes :

« 1° Qu'il tombe à Paris, par année, environ 0^m 514 d'eau de « pluie en hauteur, ce qui s'accorde assez avec les expériences « de Perrault (*de l'origine des fontaines*) (2).

(1) *Mémoires* de l'*Académie* des *Sciences de Paris* (de 1666 à 1699), tome X, page 29.

(2) Cette quantité dépasse de 0^m 01, celle que l'on déduit des observations faites pendant la période de 20 années (1818 à 1837) et qui a été trouvée de 0^m 501 (*Annales des Ponts-et-Chaussées*, 1842, page 187). Mais elle dépasse de 0^m 05, la hauteur donnée par ToALDO (*Essai météorologique*, 1784).

« 2° Que l'évaporation d'eau qui se fait ordinairement en un
« an, à Paris, est d'environ 879 millimètres de hauteur et que
« la plus grande évaporation qui se soit faite en 24 heures n'a
« été que de 0^m 0077 ; encore, ce fut pendant les grandes cha-
« leurs, en un temps serein et par un vent de nord et de nord-
« est ;

« 3° Qu'il s'évapore plus d'eau dans un petit vaisseau que
« dans un grand, toutes choses étant d'ailleurs pareilles, et que,
« si le vaisseau, de quelque matière qu'il soit, est exposé de
« tous côtés à l'air, il s'évapore beaucoup plus d'eau (particuliè-
« rement les côtés du vaisseau étant fort minces), que s'il n'y
« avait qu'une de ses faces exposée à l'air, ce que la raison mon-
« tre assez, quand même on n'en aurait pas l'expérience. »

L'Udomètre (1) de Sédilleau se composait d'une cuvette
d'étain de 0^m 65 de longueur, sur 0^m 486 de largeur et de profondeur. L'eau de pluie était recueillie à l'aide d'un petit robinet
établi dans l'un des angles de l'instrument, aussitôt qu'elle était
tombée, pour éviter la perte par évaporation.

L'Atmidomètre (2) consistait en une cuvette d'étain de
0^m 97 de longueur sur 0^m 65 de largeur et profondeur.

Chacune de ces cuvettes était enfermée dans une caisse en
bois d'une capacité plus grande, et l'espace intermédiaire rempli
de terre pour soustraire à l'action des agents extérieurs l'eau
contenue dans ces deux bassins.

Les observations les plus intéressantes qui aient été faites
pendant le xviiie siècle sur l'évaporation, considérée au point de
vue où nous nous plaçons, c'est-à-dire l'évaporation à la surface
des eaux, sont dues à Musschenbroëk, Valerius, Lambert, Cotte
et Vanswinden.

---

(1) On a donné différents noms aux instruments propres à la mesure
des pluies : *Udomètre* ; *Pluviomètre* ; *Pluvimètre* ; *Ombromètre* ; *Hyéto-*
mètre ; nous préférons le mot *Udomètre* ; ὕδωρ, eau ; μέτρον mesure.

(2) Le bassin sur lequel on mesure l'évaporation est appelé par
Saussure, dans son *Essai sur l'Hygrométrie*, *Atmidomètre*, de ατμισμος,
évaporation ; μέτρον, mesure.

Observations de Musschenbroëk.

Musschenbroëk a cru pouvoir déduire de ses expériences faites sur des vases de même diamètre et de hauteurs différentes.

« Que l'eau ne s'évapore pas en égale quantité ; que l'évapo-« ration est plus grande dans le vase qui a le plus de hauteur « et que les cubes des quantités d'eau évaporées étaient entre « eux comme les hauteurs des liquides dans les deux vases. »

Nous avons déjà vu que les expériences de Sédilleau infirmaient cette opinion (1).

Observations de Valérius en Suède.

Valérius a fait ses observations en déduisant les quantités évaporées du poids comparatif des vases qui contenaient le liquide ; il en a tiré les conclusions suivantes qui infirment aussi la règle de Musschenbroëk :

« 1° L'évaporation de l'eau n'est pas proportionnelle à sa masse « ni à la totalité de sa superficie extérieure, *mais bien aux super-* « *ficies qui éprouvent immédiatement le contact de l'air* ; telle est « la surface de l'eau dans un vase quelconque en faisant abstrac-« tion des côtés du vase qui garantissent l'eau du contact immé-« diat de l'air (2);

« L'évaporation est d'autant plus grande que l'air est plus « chaud;

« 3° Elle est aussi d'autant plus grande que le vent est plus « violent;

« 4° L'eau couverte de glace s'évapore d'autant plus qu'elle « est exposée à un air plus froid (3);

(1) *Addition aux expériences* de *l'Académie del Cimento*, *collection académique, partie étrangère*, tome I, page 142.

(2) *Académie de Stockholm, partie étrangère*, tome XI, page 142.

(3) Cette opinion n'est vraie que pour la durée du changement d'état de l'eau en glace; aussitôt que la glace est formée et que la surface de l'eau est complètement gelée, l'évaporation diminue à mesure que le froid augmente (*Mémoires de l'Académie de Suède*, 1746 ; *Essai sur l'Hygrométrie* par Saussure, page 252).

« 5° La neige s'évapore moins que la glace et l'eau. »

Observations de Lambert en Prusse.

Lambert, membre de l'Académie de Berlin, se proposant de vérifier la règle de Musschenbroëk, a entrepris, en 1767, des expériences dans des vases de verre, de profondeur et de diamètres différents, placés successivement en chambre close et à l'air libre (1).

Voici les conclusions qu'il en déduit :

« 1° La règle de Valérius qui établit la proportionnalité de
« l'évaporation des surfaces, ou, en d'autres termes, la dimi-
« nution de la hauteur verticale de l'eau en raison simple du
« temps, toutes choses égales, d'ailleurs, c'est-à-dire, même
« exposition, même chaleur, même air, etc., etc., *est fondée* ;

« 2° La marche de l'évaporation mesurée dans cinq vases
« différents est représentée par des courbes qui conservent leur
« parallélisme et peuvent être considérées, sans erreur sensible,
« comme des lignes droites ;

« 3° Quand le soleil frappe directement, à l'air libre, sur la
« surface liquide des vases et contribue à augmenter l'évapo-
« ration, celle-ci suit également la loi des surfaces, mais d'une
« manière accélérée ;

« 4° L'évaporation produite par un échauffement artificiel,
« pendant l'hiver, en chambre close, suit la même loi ;

« 5° Cette loi s'applique même à des liquides soumis à une
« température de 50 degrés Réaumur, et confirme l'accélération
« de l'évaporation avec l'élévation de la température. »

Les observations de Lambert ont été faites sur cinq verres quasi cylindriques dont les dimensions et capacités sont données dans le tableau suivant (en mesures métriques).

(1) *Essai sur l'Hygrométrie. Mémoires de l'Académie de Berlin,* tome XXV, 1769.

NUMÉROS des VERRES.	HAUTEUR.	DIAMÈTRE de LA BASE.	DIAMÈTRE du HAUT.
1	0^m 180	0^m 069	0^m 077
2	0^m 133	0^m 063	0^m 071
3	0^m 085	0^m 058	0^m 071
4	0^m 065	0^m 040	0^m 046
5	0^m 056	0^m 031	0^m 040

Lambert a trouvé que la quantité moyenne annuelle de l'évaporation à Berlin était, en chambre close, de........ 0^m 487
et la quantité de pluie égale à..................... 0^m 487
Il dit que l'évaporation eût été plus forte à l'air libre.

Observations du P. Cotte en France.

En 1765, le P. Cotte commença à Montmorency une série d'observations sur l'évaporation à l'aide d'un petit vase cubique en plomb de 0^m 08 de côté, et les continua pendant 40 ans, de 1765 à 1804 (1).

Les résultats en sont présentés dans le tableau suivant qui donne l'évaporation moyenne pour chacun des 12 mois de ces 40 années, ainsi que la tranche moyenne annuelle de pluie correspondante.

Janvier.	Février.	Mars.	Avril.	Mai.	Juin.	Juillet.	Août.	Septembre.	Octobre.	Novembre.	Décembre.	Total de l'eau évaporée.	Moyenne de la pluie correspond[te].
0^m018	0^m025	0^m047	0^m066	0^m084	0^m090	0^m111	0^m108	0^m068	0^m043	0^m021	0^m017	0^m 698	0^m 654

En 1781, c'est-à-dire seize ans après le travail de Lambert, Cotte entreprit des expériences particulières ayant pour objet de

(1) *Annales des Ponts-et-Chaussées* 1842, page 198.

— 11 —

déterminer le degré de confiance que l'on pouvait accorder aux observations de Sédilleau, Musschenbroëk, Valérius et Lambert (1).

Il fit confectionner un second vase cubique de 0ᵐ 16 de côté dont les parois étaient de même épaisseur. Ces deux vases étaient placés à côté l'un de l'autre et soumis aux mêmes conditions, en plein air, mais à l'abri du soleil et de la pluie.

Les conclusions que Cotte tire de ces expériences sont :

« 1° Que l'on trouvera autant de variétés dans les observations
« sur l'évaporation qu'il y en aura dans la forme des vases dont
« on se servira ;

« 2° que leur différence d'exposition peut aussi en amener
« beaucoup dans les résultats. »

Observations faites en Hollande.

On a fait, à peu près à la même époque, à Sparendam, en Hollande, et à Franeker, en Frise, des expériences sur des vases cubiques de métal ; à Sparendam, le vase cubique en plomb avait 0ᵐ 16 de côté ; à Franeker, le vase cubique en fer-blanc avait 0ᵐ 32 ; ils étaient exposés l'un et l'autre à l'air libre, à la pluie et au soleil. De ces observations, le docteur Van Swinden conclut que les connaissances sur cet objet sont très-incertaines et que, lors même que les expériences de Cotte n'auraient d'autres avantages que de faire connaître les erreurs, elles n'en seraient pas moins utiles, car il vaut mieux désapprendre ce qu'on croyait savoir que de croire savoir ce qu'on ignore (2).

Observations de Calandrelli et Conti à Rome.

Sur la fin du xviiiᵉ siècle (de 1782 à 1801), les physiciens Calandrelli et Conti ont fait à Rome, pendant vingt années, des expériences sur l'évaporation dont les résultats sont consignés dans le tableau suivant.

(1) *Mémoire sur la Météorologie*, par le P. Cotte ; tome Iᵉʳ, page 189.
(2) *Mémoire sur la Météorologie*, par le P. Cotte, tome Iᵉʳ, page 189.

MOIS.	ÉPAISSEUR MOYENNE de la tranche évaporée.	ÉVAPORATION moyenne annuelle.	QUANTITÉ MOYENNE ANNUELLE de pluie.
Janvier.............	0ᵐ 083		Toaldo l'évalue, sur la fin du xviiiᵉ siècle, à 0ᵐ76 (Essai météo-rologique, 1784, page 183).
Février.............	0ᵐ 097		
Mars..............	0ᵐ 140		
Avril.............	0ᵐ 178		
Mai..............	0ᵐ 228		
Juin.	0ᵐ 273		Schow l'estime à 0ᵐ784 (climat de l'Italie).
Juillet	0ᵐ 363	2ᵐ 362	
Août.............	0ᵐ 354		
Septembre	0ᵐ 268		
Octobre...........	0ᵐ 180		
Novembre.........	0ᵐ 115		
Décembre.........	0ᵐ 083		

Ce qui donne, pour la tranche moyenne évaporée par jour, 0ᵐ 0062 : le vase qui servait aux observations était à l'ombre ; mais l'on ignore de quelle matière il était formé, ses dimensions et le mode de mesurage des tranches d'eau évaporée, toutes con-ditions essentielles (1).

Dans son traité intitulé : *Essai sur l'hygrométrie*, publié en 1783, le célèbre météorologiste Saussure ne donne aucun résultat d'expériences sur cette question si importante ; il se borne à rap-peler les opinions émises par les physiciens qui l'ont précédé et dont on a cité plus haut les observations : le silence du savant physicien est regrettable ; mais il a son éloquence, car il prouve que dans son opinion la question était des plus délicates.

(1) *Annales* 1853 (mai et juin), page 298 ; M. Baumgarten, l'auteur de ce mémoire nous a déclaré n'avoir pu se procurer à Rome aucun renseignement précis sur ces questions fondamentales.

Observations de Gauthey et la règle de Halley.

Nous lisons dans le mémoire de Gauthey sur les *Canaux de navigation* (1) :

« M. Halley a trouvé, en Angleterre, par plusieurs expériences,
« qu'il s'évaporait moyennement $0^m 0027$ de hauteur sur une
« surface d'eau exposée à l'air, en été, pendant une heure, et
« qu'en général, la quantité d'eau qui s'évapore est à celle qui
« tombe dans le rapport de 5 à 3. En comptant qu'il tombe en
« Bourgogne 704 millimètres d'eau, on pourra compter que l'éva-
« poration qui se fait principalement sur les étangs, canaux où
« autres eaux dormantes est de $\frac{5}{3} 704 = 1^m 14$: elle est un peu
« moindre sur l'eau courante des rigoles (2) : cependant, je la
« supposerai partout de $1^m 14$. »

(1) *Mémoire sur les Canaux de navigation*; tome III, page 174. Paris, 1816.

(2) Cette hypothèse peut être fondée ou non, selon les conditions physiques dans lesquelles on opère. L'eau calme et immobile s'échauffe-t-elle plus ou moins vite que l'eau agitée et se prête-t-elle plus ou moins à l'action évaporatoire ?

Il y aurait des distinctions à établir. Eu égard à la faible conductibilité de l'eau, l'équilibre de température sera favorisé par l'agitation des molécules, d'où résultera une augmentation dans l'intensité de l'évaporation. Mais, en général, l'agitation d'une masse d'eau doit en accroître l'évaporation, quand les circonstances extérieures sont convenables.

Nous lisons dans un intéressant mémoire sur les *Irrigations de la plaine de la Métidja en Algérie* (par M. Maurice AYMARD, Ingénieur des Ponts-et-Chaussées. — *Annales* 1853, 4e *cahier*), que des expériences faites à Alger, au mois d'août 1849, par une température de 35 degrés centigrades durant le jour et 25 degrés pendant la nuit, expériences prolongées pendant 88 heures, ont donné pour l'épaisseur de la tranche d'eau évaporée sur un vase *immobile* . . . . 0^m 0415
et sur un vase *agité* 0 0580

Ce qui représente par heure, sur le vase immobile. .. 0 000471
et sur le vase agité 0 000639
Ces expériences infirmeraient l'hypothèse de Gauthey.

La règle de Halley a été souvent invoquée en matière d'évaporation des eaux à la surface des bassins, et les chiffres par lesquels on a exprimé les épaisseurs des tranches d'eau évaporée, depuis le commencement du xıx° siècle, semblent avoir été déduits de cette règle. Il est donc très-important de chercher à en apprécier l'exactitude afin de déterminer le degré de confiance qu'il est prudent de lui accorder.

Et d'abord, la puissance d'évaporation qui produirait des effets tels que ceux que Halley nous indique pour la saison d'été, équivaudrait à l'absorption d'une tranche de 0ᵐ 0648 en 24 heures. A Rome, pendant le mois de juillet, l'évaporation n'est que de 0ᵐ 01 par 24 heures, d'après les expériences de Calendrelli et Conti (1). Peut-on admettre *à priori* l'exactitude d'une règle qui *sextuple* les résultats les plus exagérés et qui paraissent, dans tous les cas, inadmissibles sous nos latitudes? Evidemment, ces écarts doivent nous rendre circonspects.

Quant à la règle de Halley, proprement dite, celle qui fixe empiriquement le rapport de l'évaporation à la pluie à $\frac{5}{3}=1.67$, elle paraît être en désaccord avec les faits d'expérience constatés en France. Seconde raison qui justifierait notre circonspection.

Ainsi, Gauthey évalue l'évaporation moyenne, en Bourgogne, à 1ᵐ 14 pour une tranche de pluie de 0ᵐ 704. Mais, d'après les observations modernes, la tranche moyenne d'eau évaporée à Dijon serait de 0ᵐ 6665 seulement (tableau annexe B) ; la tranche réelle de pluie de 0ᵐ 7027 : l'observation directe ne donne donc qu'une tranche d'eau évaporée moitié moindre, environ, que celle que l'on déduit de la formule de Halley (0ᵐ 6665 au lieu de 1ᵐ 14). L'exagération des résultats tirés de cette formule est manifeste dans ce cas particulier (2).

(1) L'évaporation moyenne diurne constatée dans la plaine de la Metidja, en Algérie, n'est que de 0ᵐ 011 en 24 heures pendant l'été.

(*Irrigations du Midi de l'Espagne*, par M. Maurice Aymard, Ingénieur des Ponts-et-Chaussées. Paris, 1864 ; page 88).

(2) Dans le mémoire précité sur les *Canaux de navigation*, Gauthey s'exprime ainsi, page 266 :

« M. de Cotte a trouvé que pendant les années (de ses expériences)

Les observations de Cotte, de Lambert, de Calandrelli et de
Conti, citées plus haut, infirment également cette règle. Toutefois, ces observations pouvaient ne pas paraître suffire à la démonstration, et pour la compléter, nous avons réuni dans un tableau
annexe L, les résultats d'observations tirés des séries que renferme le *Cours d'Agriculture* de M. DE GASPARIN (tome II, 1844,
pages 266 et suivantes et 307). Le tableau L contient 32 localités (1) situées sous des latitudes et à des altitudes très-diverses,
depuis Catane, vers le 37ᵉ degré de latitude nord, jusqu'à
Stockholm, vers le 59°, en passant du niveau de la mer jusqu'à
l'altitude de 400 mètres environ.

Quelles déductions peut-on tirer des chiffres qui expriment le
rapport de l'évaporation à la pluie dans ces diverses localités ?
Aucune, à notre avis, aucune, du moins, que puisse avouer

« il était tombé moyennement 474 millimètres d'eau par an, d'où il suit
« que la hauteur d'eau de pluie qui est tombée est à la hauteur de
« celle qui est évaporée dans le rapport de **9 à 20**. La quantité de
« l'évaporation n'est pas la même, sans doute, pour les différents pays.
« Mais, il est à présumer que dans ceux qui sont très-chauds, l'évapo-
« ration est plus considérable que dans ceux qui sont froids et qu'on
« pourrait la connaître assez exactement par la comparaison des
« thermomètres pendant quelques années.
« Suivant les expériences de M. de Cotte à Montmorency, près de
« Paris, on peut conclure que l'évaporation y monte, année commune,
« à 1ᵐ 056. Elle n'est que de 34 millimètres par mois, pendant les
« mois de novembre, décembre et janvier; elle est de 81 millimètres
« par mois, pendant ceux de mars, septembre et octobre; elle est de
« 135 millimètres par mois, pendant les six autres mois de l'année ;
« d'où il suit, qu'en été, l'évaporation est quadruple de ce qu'elle est en
« hiver, et un quart plus forte que pendant le printemps et l'au-
« tomne. »

Les quantités de pluie tombée et d'eau évaporée que Gauthey donne
ci-dessus comme étant celles que le P. Cotte aurait observées, diffèrent
très-notablement des quantités rapportées plus haut à la page 10. Nous
n'acceptons donc les indications de Gauthey qu'avec réserves, puisque
l'on ne peut les vérifier.

(1) Nous avons conservé les indications de ce tableau telles qu'elles
se trouvent à la source où elles ont été puisées, bien que les expériences
de Cotte et celles de Calandrelli y soient répétées.

la logique la moins exigeante. Au lieu d'être constant et toujours égal à 1,67, ainsi que le veut la règle, ce rapport descend à 0,45 et s'élève jusqu'a 4,47 en décuplant ainsi sa valeur? On obtient donc autant de *règles* particulières qu'il y a, pour ainsi dire, d'observations locales. Une telle règle offre plus d'un danger dans l'application, et l'on ne doit y recourir qu'avec une extrême réserve, sous peine de tomber dans les plus grosses erreurs. En vain, prétendrait-on établir cette formule sur une moyenne de faits observés en plusieurs localités. L'on répondrait d'abord que la moyenne tirée du tableau L est très-différente de 1,67 ; que pour établir une loi qui représente la marche d'un phénomène, il faut avant tout, comparer des éléments semblables et des faits recueillis d'une manière uniforme, condition essentielle à laquelle il est absolument impossible de satisfaire dans l'état actuel de nos connaissances ; qu'enfin l'on peut se tromper grossièrement si l'on prétend fixer un rapport constant entre la pluie et l'évaporation, quels que soient les lieux où les observations aient été faites. Toutes ces causes réunies font que la règle de Halley ne peut ni ne doit conserver d'autorité dans nos climats. Nous continuerons, ultérieurement, la démonstration de cette vérité.

Observations de M. de Gasparin.

C'est ici le lieu d'examiner les observations d'un savant agronome et météorologiste, M. le comte de Gasparin, sur l'évaporation, ainsi que l'opinion qu'il a exprimée à ce sujet dans son cours d'agriculture (tome II, *Météorologie agricole*, pages 109 et suivantes).

M. de Gasparin a refait les expériences de Cotte et annoncé qu'il avait trouvé la cause des anomalies signalées. Pour les faire disparaître, il a adopté certaines dispositions très-ingénieuses qui consistent à substituer à la température d'un thermomètre sec observée dans l'air, une moyenne entre la température de l'air et celle de l'eau évaporante ; à garantir les bords du vase de l'action directe du soleil et à enduire la paroi intérieure d'une matière grasse qui ne permette pas à l'eau projetée par les vagues de s'y attacher.

L'atmidomètre de M. de Gasparin est en cuivre étamé de 10 décimètres carrés et de 50 centimètres de profondeur, entouré extérieurement d'un bourrelet de laine. On mesure l'abaissement du liquide au moyen d'une tige à vis. Un cadre horizontal recouvert d'une feuille de papier gris reçoit les gouttes d'eau que le vent enlève de sa surface. Une expérience préalable ayant appris à quel volume d'eau correspondent les différentes taches produites par les gouttes, suivant leur diamètre, on peut ainsi calculer fort exactement la quantité d'eau enlevée en nature par le vent, et, par une simple soustraction, connaître l'épaisseur réelle de la tranche d'eau absorbée par l'évaporation proprement dite.

M. de Gasparin établit ensuite une formule dans laquelle il fait entrer la vitesse du vent. Tout en reconnaissant que l'intensité du vent joue un rôle très-considérable dans ce phénomène, nous ne sommes pas en mesure de faire la part de cette influence, quant à présent du moins.

L'auteur du *Cours d'Agriculture* n'épargne pas les critiques aux observations qui ont été faites jusqu'ici. Toutefois, il ne les condamne pas absolument et il les invoque, au contraire, pour en tirer des conséquences ou des lois générales que chacun n'admettra pas volontiers. Ce savant a pu réunir un très-grand nombre de résultats d'observations entreprises en divers lieux sur la mesure de la pluie et de l'évaporation. Nous en avons consigné plusieurs, dans le tableau L, eu égard à l'intérêt qu'ils présentent.

M. de Gasparin établit :

Que l'évaporation a une tendance très-marquée à diminuer du nord au midi (1) et d'orient en occident.

(1) L'auteur a donné dans le tome II, page 306 de son *Cours d'Agriculture*, le tableau de l'évaporation suivant.

Que la vallée du Rhône, qui donne passage à des vents secs et violents si continus, a une évaporation bien supérieure à celle de l'Italie méridionale où la température est beaucoup plus élevée.

Il peut paraître naturel, *à priori*, que l'évaporation soit plus forte au midi qu'au nord, *toutes choses égales*, et qu'elle augmente dans les localités où règnent des vents violents, secs et fréquents.

Nous admettons volontiers cette opinion ; mais il semble difficile de tirer ces déductions des observations rapportées dans le tableau de M. de Gasparin, car nous avons vu tout-à-l'heure que ce savant météorologiste contestait, avec raison, l'exactitude des observations antérieures, dont la plupart sont très-probablement entachées d'erreurs considérables. Comment pourrions-nous accepter la légitimité des déductions tirées de faits reconnus inexacts ? Les observations consignées dans le tableau L ont été faites sur des instruments dont on ignore, pour la plupart, la forme, la matière, l'exposition et qui fonctionnaient dans des conditions vagues, obscures et inconnues !

LOCALITÉS.	ÉVAPORATION PENDANT LE MOIS D'AOUT.	
	Totale.	Moyenne par heure.
Orange............................	0^m 3148	0^m 000437
Cavaillon.........................	0^m 3102	0^m 000430
Arles.............................	0^m 3661	0^m 000508
Marseille.........................	0^m 2887	0^m 000401
Rome..............................	0^m 3540	0^m 000491

Ce tableau infirme la constance de la loi, puisque Rome est plus au midi qu'Arles et que l'évaporation est à peu près la même dans les deux villes.

A Alger, l'évaporation moyenne par heure, au mois d'août, est de 0^m 000471, c'est-à-dire moindre qu'à Arles, et Alger est bien plus au midi qu'Arles (*Irrigations de la plaine de la Metidja*, par M. Maurice AYMARD, Ingénieur des Ponts-et-Chaussées. — *Annales*, 1853).

Aussi, la faiblesse de la démonstration ressortirait d'elle-même et paraîtrait dans son évidence, si l'on pouvait analyser une à une les observations de ce tableau. Malheureusement, cela n'est pas possible. Cependant, nous voyons que le savant auteur a éliminé la série de Bordeaux, dont le chiffre, dit-il, aurait dû être probablement divisé par 3. Cette correction énorme doit éveiller les soupçons auxquels donnent une certaine consistance les remarques suivantes :

S'il était vrai que l'évaporation eût une tendance manifeste à diminuer du nord au midi, comment serait-elle plus forte à Londres qu'à La Rochelle, Montmorency et Pontarlier? à Poitiers qu'à Toulouse? à Rome et à Alger qu'à Arles?

S'il était vrai que l'évaporation eût une tendance à diminuer d'orient en occident, comment serait-elle plus forte à Poitiers qu'à Haguenau?

Nous nous garderons bien d'affirmer que des erreurs existent dans le tableau qui nous occupe ; mais nous n'hésitons pas à déclarer que nous croyons fermement à des erreurs nombreuses qu'il faut attribuer au défaut d'unité dans les observations et aux infinies variétés d'instruments, et cette croyance est partagée par M. de Gasparin lui-même, d'où il suit que la loi qu'il établit, bien qu'appuyée sur des probabilités admissibles, ne se déduit pas, ne peut pas se déduire des résultats d'observations incohérentes qu'il invoque à son appui.

Observations faites en Lombardie.

Dans un *Mémoire* publié par M. l'Ingénieur en chef Baumgarten (*Annales des Ponts et Chaussées*, 1847, page 159), nous trouvons un résumé d'observations faites en Lombardie sur la pluie et l'évaporation.

Les expériences sur l'évaporation embrassent une durée de quatorze années (1803 à 1816) et accusent pour mesure moyenne annuelle, à Turin, $1^m 32$.

Mais, pas plus à Turin qu'à Rome, l'auteur du *Mémoire* de 1847 n'a pu savoir de quelle manière était fait l'instrument qui a servi à donner cette mesure, ni ses dimensions, ni le mode d'expérimentation qui demeure ainsi entouré d'une obscurité très-regrettable.

Observations faites à Nantes.

Nous ne citerons ici que pour les rectifier et prévenir les erreurs dans lesquelles le lecteur tomberait inévitablement s'il n'était point éclairé sur leur mérite, les observations faites à Nantes de 1824 à 1830 et qui sont consignées dans un *Mémoire* inséré aux *Annales des Ponts et Chaussées* de l'année 1834 (1).

L'auteur d'un travail fort instructif, publié en 1848, sur le projet de dessèchement du *lac de Grand-Lieu*, département de la Loire-Inférieure (2), a adopté pour la mesure de la pluie, la quantité moyenne déduite des observations faites à Nantes, de 1824 à 1830, qui est de 1ᵐ 352.

Il ajoute que l'évaporation a été représentée, pour l'année 1824, par la quantité 1ᵐ 814.

Ces chiffres nous ayant paru exorbitants, nous avons pris des renseignements auprès de l'auteur même de ces expériences (M. Huette), qui nous a déclaré en 1852 :

« Que les seules observations qui présentent un certain degré « d'exactitude ne remontent qu'à l'année 1836 (3). »

D'où il faut conclure que celles de 1824 à 1836 doivent être écartées comme inexactes.

En fait, la quantité moyenne annuelle de pluie, à Nantes, n'est que de 0ᵐ 658 au lieu de 1ᵐ 352 (4).

(1) *Alimentation du canal de Nantes à Brest*, par M. COTTIN DE MELLEVILLE, page 184.

(2) *Annales de* 1848, pages 229 et suivantes.

(3) *Lettre de* M. HUETTE.

(4) Les observations faites sous la direction des Ingénieurs de la Loire accusent, pour les années 1849, 1850, 1851, 1852, 1853, une quantité moyenne de pluie égale à 0ᵐ 658.

Quant aux expériences sur l'évaporation, l'auteur précité (M. Huette) nous a déclaré aussi « que les observations ont été « abandonnées par suite *des difficultés qu'il a rencontrées.* »

On peut donc inférer de ces déclarations que si le chiffre 1^m 352 est erroné, bien que sa détermination moyenne présente beaucoup moins de difficultés que celle de la mesure de l'évaporation, à plus forte raison est-il prudent de se tenir en garde contre le chiffre 1^m 814, car si le premier est *double* de la tranche moyenne annuelle de pluie tombée, le second ne peut-il être un *multiple* de la tranche moyenne annuelle de l'évaporation effective ?

Observations faites à Lille.

Des observations particulières ont été faites à Lille pendant deux années (du 1er juin 1841 au 1er juin 1843), à l'aide d'un instrument imaginé par M. Delezenne, professeur de physique, qui a obtenu les résultats suivants :

	PLUIE.	ÉVAPORATION.
Du 1er juin 1841 au 1er juin 1842............	0^m 88	0^m 82
Du 1er juin 1842 au 1er juin 1843............	0^m 70	1^m 26

L'udomètre et l'atmidomètre étaient établis dans un jardin : la grande sécheresse du printemps et de l'été de 1842 explique, aux yeux de ce professeur, l'énorme évaporation constatée du 1er juin 1842 au 1er juin 1843. L'on peut, d'ailleurs, s'assurer, à l'inspection des tableaux annexes A, B, C, D, que l'évaporation de l'année 1842 a dépassé la moyenne annuelle dans les quatre stations du département de la Côte-d'Or (1).

(1) *Mémoires de la Société des Sciences de Lille* (1840 et 1842). On trouve dans ces Mémoires que la quantité moyenne annuelle de pluie tombée à Lille, de 1689 à 1694, a été de 0^m 60 seulement d'après les expériences de Vauban. Ce chiffre est beaucoup plus faible que ceux qui ont été déterminés par M. Delezenne ; mais la durée d'observation est trop courte pour qu'elle puisse servir de base à une discussion sérieuse : nous ne les rapportons que pour mettre en lumière ce qui a été fait.

En jetant les yeux sur le tableau L, on reconnaît que la moyenne de six années rapportée par Cotte est de 0ᵐ 887, ce qui tend à confirmer l'exactitude du chiffre ci-dessus, 0ᵐ 82, et l'anomalie ou l'exception du chiffre 1ᵐ 26.

Observations faites dans les bassins de la Saône et de l'Yonne.
(Côte-d'Or. — Yonne).

C'est à l'année 1830 qu'il faut placer l'origine des travaux d'ensemble organisés sur une grande échelle et sur une vaste étendue pour la détermination systématique et corrélative de la mesure des pluies et de l'évaporation. M. Bonnetat, Ingénieur en chef, Directeur du canal de Bourgogne, fit installer successivement, sur cinq stations différentes, dont les plus éloignées sont à 60 lieues l'une de l'autre (à Saint-Jean-de-Losne, sur la Saône; à Dijon, à Pouilly-en-Auxois, à Montbard et à La Roche-sur-Yonne) des udomètres et des atmidomètres pour la mesure de la pluie et de l'évaporation.

Les atmidomètres, comme les udomètres, étaient établis sur des dimensions uniformes. Les atmidomètres en maçonnerie sont rectangulaires de 2ᵐ 50 de côté, de 0ᵐ 40 de profondeur, entourés de terre jusqu'à leur bord supérieur et revêtus intérieurement d'une plaque de zinc et de plomb.

Par les soins des Ingénieurs ont été dressées des séries continues pour les pluies et l'évaporation ; nous avons renfermé dans les tableaux annexes A, B, C, D, E les séries de la période de 1831 à 1850 pour les quatre premières stations, et celles de la période de 1841 à 1850 pour la cinquième.

Ce sont des séries complètes, et, à ce titre, elles sont dignes de fixer l'attention des météorologistes et de toutes les personnes qui s'occupent des sciences naturelles et de leurs applications.

La moyenne évaporation annuelle est :

Pour la station de Saint-Jean-de-Losne, de............................ 0ᵐ 6583
Pour celle de Dijon, de.. 0 6665
Pour celle de Pouilly, de 0 5689
Pour celle de Montbard, de.. 0 5887
Pour celle de La Roche, de.. 0 5507

Ce qui donne pour la moyenne évaporation annuelle, mesurée aux cinq stations du canal de Bourgogne.. 0ᵐ 606

Observations faites dans les bassins de la Meuse et de la Mourthe.
(Meuse-Mourthe).

Nous avons représenté, dans le tableau H-H$_I$, le résumé des observations faites à Bar-le-Duc, de 1844 à 1859 inclusivement, par les ingénieurs du canal de la Marne au Rhin (1). L'évaporation a été mesurée sur deux bassins établis à 1,350 mètres l'un de l'autre et situés à proximité du canal et du chemin de fer. Nous avons rapporté dans le tableau H-H$_I$ les séries relatives au bassin voisin de la maison éclusière n° 9. Ce bassin exposé directement à l'action du soleil et des vents est de forme circulaire ; il a un diamètre de 2^m 60, une profondeur de 0^m 47 et repose sur une fondation de béton ; les parois sont enduites de mortier hydraulique qui n'est pas imperméable. Cette particularité augmente, dans une certaine proportion, faible en hiver, plus forte en été, l'absorption du liquide (2) et accroît ainsi d'une manière apparente l'action de l'évaporation mesurée à l'échelle de l'atmidomètre dans lequel l'eau est généralement entretenue à 0^m 05 en contrebas de son couronnement. Cet appareil est comparable, quant aux dimensions, à ceux du canal de Bourgogne.

Les séries ne sont pas complètes, et c'est regrettable, parce qu'il n'est pas possible de préciser le chiffre qui exprime la mesure de l'évaporation moyenne annuelle, lequel est....0^m 53

Ce chiffre est un peu faible, puisqu'il existe quelques lacunes qui, bien que portant sur des mois pendant lesquels l'action évaporatoire est la plus faible, n'en diminuent pas moins l'intensité de l'action dont il s'agit. La véritable moyenne ne doit pas s'éloigner beaucoup de 0^m 53, eu égard à la sécheresse exceptionnelle des deux années 1858 et 1859. Mais nonobstant ces lacunes, si l'on rapproche les effets moyens du phénomène

(1) Nous devons cette communication à l'obligeance de M. Jaquiné, Ingénieur en chef du canal.

(2) *Résumé de quelques expériences sur les chaux hydrauliques*, par M. COLLIN, Ingénieur en chef, 1851. — *Mémoires de l'Acad. de Dijon.*

observé à Bar-le-Duc pendant les mois de mai, juin, juillet, août, septembre, octobre de ceux du même phénomène constatés dans les diverses stations atmidométriques du canal de Bourgogne, l'on remarquera la presqu'identité des chiffres qui en expriment l'intensité dans les départements de la Côte-d'Or, de l'Yonne et de la Meuse. Cette concordance est d'une haute importance pour le but que nous nons sommes proposé d'atteindre, ainsi qu'on le verra plus loin.

Le même tableau H-H₁ contient le résumé des observations faites au bassin de Chanteraines, près Bar-le-Duc, pendant quatre années, sur un instrument pareil au précédent. Les résultats concordent avec ceux du tableau H. Le chiffre qui exprime la mesure de l'évaporation moyenne annuelle est:........ $0^m 63$

On voit aussi dans le même tableau le résumé des observations faites à Gondrexanges, département de la Meurthe, sur un atmidomètre carré de $2^m 50$ de côté, revêtu de lames de zinc, semblable à ceux du canal de Bourgogne. Les chiffres qui expriment l'intensité absolue de l'évaporation sont beaucoup plus faibles que les précédents. Cette différence s'explique par la différence de situation des lieux. Gondrexanges est un pays d'étangs. La superficie du sol submergé est d'environ 600 hectares ; l'air y est constamment saturé de vapeur d'eau ; l'évaporation doit y être moins active, nonobstant la plus grande élévation relative de ce pays au-dessus du niveau de la mer ; le chiffre qui représente l'évaporation moyenne annuelle pour les quatre années, 1856, 1857, 1858, 1859 est............................. $0^m 41$

La moyenne évaporation annuelle pour les trois stations du canal de la Marne au Rhin est de.................. $0^m 52$

Observations faites dans le bassin de là Garonne.
(Haute-Garonne.—Lot-et-Garonne.—Gironde.)

Des expériences ont été entreprises dans le bassin de la Garonne par les Ingénieurs chargés de ce service. On a établi des atmidomètres sur différents points de ce bassin, à Montréjeau, à Agen, à Langon, à Cadillac, dans des positions et conditions fort diverses. Ces expériences ont été plusieurs fois interrompues par divers motifs.

Tous les atmidomètres sont exposés au soleil, au vent et à la pluie, mais ils ont des formes différentes. Les atmidomètres de Montréjeau et d'Agen sont composés d'un vase cylindrique en zinc de 0ᵐ 75 de diamètre et de 0ᵐ 25 de profondeur, posé sur un bâtis en bois de 1ᵐ 40 au-dessus du sol. Tous les dix jours, le niveau de l'eau est ramené à 0ᵐ 10. Cet instrument est sur un coteau qui domine la vallée.

L'atmidomètre de Langon est formé d'une caisse rectangulaire en bois recouvert de zinc. Il a 0ᵐ 738 de longueur sur 0ᵐ 535 de largeur et 0ᵐ 61 de hauteur. Il est enterré dans un remblai sur 0ᵐ 52 de profondeur. La hauteur d'eau est ramenée à 0ᵐ 50, lorsqu'elle s'en écarte un peu.

L'atmidomètre de Cadillac est formé d'un vase cylindrique en zinc, de 1ᵐ 00 de diamètre et 0ᵐ 80 de profondeur, en terre de 0ᵐ 75; au sommet d'un remblai conique perreyé. Le niveau de l'eau est ramené à 0ᵐ 65.

On n'a pas d'observations suivies, antérieures à l'année 1858, pour les atmidomètres de Montréjeau, d'Agen, de Langon ; les expériences de Cadillac remontent à l'année 1855.

Nous avons renfermé, dans le tableau H₂, le résumé des observations faites aux quatre stations atmidométriques de Montréjeau, d'Agen, de Langon, pendant les six années de 1858 à 1863, et de Cadillac pendant les huit années de 1855 à 1863 (1).

La moyenne évaporation annuelle est :

A Montréjeau, de 1ᵐ 230

A Agen, de 0 833

A Langon, de 0 582

A Cadillac, de 0 848

Ce qui donne pour la moyenne générale 0ᵐ 873

(1) Nous devons la communication de ces renseignements à M. Couturier, Ingénieur en chef du service de la Garonne.

Observations faites dans les bassins de la Loire et de l'Yonne.
(Nièvre. — Yonne.)

Sur le canal du Nivernais et la rivière d'Yonne, les Ingénieurs ont installé, en 1853, des appareils pour mesurer l'évaporation. L'atmidomètre en usage se compose d'un cylindre en zinc de 0ᵐ 80 de diamètre et de 0ᵐ 40 de hauteur, enfoncé dans la terre jusqu'au niveau de l'eau. Il est exposé à l'action du soleil, du vent et de la pluie. Une couche de sable de 0ᵐ 08 couvre le fond de l'instrument. Les hauteurs de l'eau dans l'atmidomètre oscillent entre 0ᵐ 26 et 0ᵐ 30.

On a établi ces instruments à Decize, Baye, Pannetière, Clamecy, Auxerre, Joigny et Sens, à des altitudes variant de 280 à 75 mètres au-dessus du niveau de la mer.

Le tableau H₃ renferme le résumé des observations faites sur ces divers appareils, de l'année 1853 à l'année 1859 (1).

La moyenne évaporation annuelle est pour les sept stations de la Nièvre et de l'Yonne (2)...................... 0ᵐ 636

Nous ferons remarquer, et cette observation n'est pas sans importance, que la moyenne évaporation annuelle pour les stations de Joigny et d'Auxerre est de................. 0ᵐ 60 en y comprenant les années exceptionnelles de 1858 et de 1859, dont l'évaporation a été très-considérable.

Or, le tableau E nous donne pour la mesure de l'évaporation moyenne annuelle à Laroche-sur-Yonne, station intermédiaire entre Auxerre et Joigny......................... 0ᵐ 55

Si l'on fait attention à la différence de dimensions des atmidomètres respectifs, les plus petits (ceux du canal du Nivernais et de l'Yonne), donnant des résultats plus forts que les grands, ainsi que nous l'avons dit et que nous le répéterons plus loin, on

(1) Ces renseignements nous ont été fournis par M. CAMBUZAT, Ingénieur en chef de la rivière d'Yonne et du canal du Nivernais.

(2) On n'a conservé, pour les séries de Clamecy, d'Auxerre, de Joigny, de Sens, de l'année 1856, que les totaux de cette même année, quelques erreurs ayant été commises dans la copie des chiffres mensuels.

arrive à cette conclusion que les séries des canaux de Bourgogne, du Nivernais et de l'Yonne, se confirment et se vérifient les unes par les autres, autant qu'on peut le désirer.

Nous venons de passer en revue les différentes séries atmido-métriques que nous avons pu nous procurer. Nous avions con-sulté, en 1850, les Ingénieurs chargés des services des canaux du Centre, du Berry, d'Ille-et-Rance et de Nantes à Brest. A cette époque, on n'avait encore entrepris aucune série d'observa-tions sur l'évaporation. Nous ne pensons pas que rien de sem-blable ait été fait à la même époque sur les canaux du Rhône au Rhin, latéral à la Loire, sur ceux d'Orléans et de Briare ni sur ceux du nord et du midi.

Nous nous bornons donc à constater ici le bilan de celles de nos richesses atmidométriques que nous avons pu découvrir pour en tirer le parti que nous nous proposions depuis l'année 1850 (1). Nous allons entrer dans la discussion des résultats obtenus.

CHAPITRE II.

ANALYSE ET DISCUSSION DES RÉSULTATS DES OBSERVATIONS ET DES EXPÉRIENCES FAITES SUR L'ÉVAPORATION. — CONSÉQUENCES QU'IL EN FAUT TIRER QUANT A LA MESURE DE L'ÉVAPORATION A LA SURFACE DES EAUX.

Les lecteurs des Annales des Ponts-et-Chaussées ont pu voir, en parcourant ces publications que la question de l'évaporation à la surface des eaux y avait été, depuis quelques années, le sujet de vives controverses (2) qui sont nées de l'interprétation arbitraire des résultats déduits des séries atmidométriques du canal de Bourgogne.

(1) *Annales des Ponts-et-Chaussées*, 1853. — Page 278. — Mai, juin. *Hydrologie-Évaporation.*

(2) *Annales des Ponts-et-Chaussées.* — (1850, page 383). — (1852, page 1). — (1853, page 269). — (1860, page 150).

On s'est proposé, en effet, de démontrer que les séries du canal de Bourgogne révélaient une anomalie singulière, en ce sens que la quantité de l'eau évaporée y était égale ou inférieure à la quantité de pluie tombée annuellement, et l'on a dit dans une note de 1851 (1) : « que ces observations doivent être,
« quant à présent, reléguées dans la catégorie des exceptions,
« car elles sont contraires à des croyances généralement ad-
« mises. »

L'auteur de cette interprétation ne paraît avoir tenu aucun compte, ni de la forme, ni de la nature des instruments, et conclut comme si toutes les expériences qu'il invoque étaient matériellement exactes, ce qui est loin d'être vrai pour toutes, ainsi que nous l'avons démontré par l'aveu même de l'auteur de quelques-unes d'entre elles et comme si les autres étaient faites dans les mêmes conditions. Ce que nous avons rapporté plus haut nous dispense d'autres arguments quant à présent.

L'auteur, comparant les quantités d'eau tombée et évaporée, en 1842, à Dijon et à Paris, s'exprime ainsi :

« Il est tombé, à Dijon, 0^m 515 de pluie, valeur à peu près
« égale à celle qui tombe moyennement à Paris ; l'évaporation,
« quoiqu'elle ait atteint son maximum, n'a été que de 0^m 725
« dans la première de ces deux villes, tandis qu'elle est de 1^m 40,
« c'est-à-dire du double dans la seconde. »

Ce fait a frappé l'auteur ; pour essayer de lever ses scrupules, il convient de rappeler que le chiffre qu'il présente (1^m 40), comme la mesure de l'évaporation moyenne annuelle à Paris et qui paraît tiré du *Cours sur la navigation intérieure* professé en 1827 par M. Duleau à l'école des Ponts-et-Chaussées, n'est pas déduit d'observations faites avec des instruments semblables ou comparables à ceux du canal de Bourgogne (2).

On invoque à l'appui de cette opinion :

(1) *Annales des Ponts-et-Chaussées.*

(2) On trouve dans le *Cours de construction* de SGANZIN (1840), tome II, page 177, une évaluation hypothétique de l'évaporation à Paris comprise entre 1^m 30 et 1^m 50, soit 1^m 40. M. de GASPARIN donne pour le chiffre de l'évaporation à Paris (*Cours d'Agriculture*, page 305, tome II) 0^m 587 d'après COTTE ; SÉDILLEAU a donné 0^m 879 : Quel est le bon chiffre?

1° Les observations de Calandrelli et Conti à Rome. Mais, n'oublions pas que ces observations sont particulières à un climat très-différent du nôtre ; d'ailleurs, nous ignorons dans quelles conditions matérielles elles ont été faites. Elles ne peuvent rien prouver, ce nous semble, dans le cas dont il s'agit ;

2° Les projets rédigés par les Ingénieurs pour le canal de Nantes à Brest, projets dans lesquels on a porté à $1^m 46$ l'intensité de l'évaporation. Mais cette donnée ne repose pas, que nous sachions, sur des observations locales. Cet argument est donc sans utilité pour la démonstration ;

3° Les observations de Nantes que nous avons rappelées et qui accusent l'énorme chiffre $1^m 814$. Mais elles sont désavouées par leur auteur ;

4° Le projet du canal de jonction de la Sambre à l'Oise, dans lequel l'auteur a adopté, pour mesure de l'évaporation annuelle, $1^m 46$. Mais ce chiffre paraît puisé aux mêmes sources : et ne le fût-il pas, que l'on ignore sur quels instruments et dans quelles conditions l'on a opéré ;

5° L'évaluation fixée par M. l'Inspecteur général Comoy, de l'évaporation moyenne annuelle à $1^m 46$. L'auteur nous paraît être tombé ici dans une erreur très-considérable, car M. Comoy a estimé a $0^m 004$, l'évaporation moyenne par jour pour les six mois, d'avril à septembre seulement (*Annales des Ponts-et-Chaussées*, page 160, 1841), mais non pour l'année entière, ce qui est bien différent (1).

Et d'ailleurs, aucune expérience locale n'a été faite par

---

(1) M. Comoy, dans une première lettre du 11 décembre 1851, nous disait :

« Quant à l'évaporation, je n'ai rien recueilli de précis ; nous « n'avons point encore établi d'appareil et c'est une chose que nous ne « perdons pas de vue. »

Et dans une seconde, du 22 janvier 1852 :

« Que le chiffre $0^m 004$ ne s'applique qu'à six mois de l'année (d'avril « à septembre). Mais il ignore ce que devient ce chiffre pendant les « six autres mois. »

M. Comoy, ainsi que cet inspecteur général nous en a réitéré la déclaration formelle (1).

L'auteur termine sa notice de 1850 (2), par cette conclusion :

« Il résulte, de là, qu'il y a une *contrée en France* où la puis-« sance évaporatrice moyenne de l'année n'atteint pas même la « moitié de la valeur qu'on lui *suppose* généralement dans notre « pays, et nous n'avons pas besoin de dire combien un pareil

(1) M. Comoy s'exprimait ainsi dans une troisième lettre, du 29 novembre 1853 :

« Vous me demandez comment et par quel moyen j'ai déterminé le « chiffre ι 0^m 004, pour l'évaporation moyenne par jour d'été, chiffre « cité dans mon mémoire de 1841. *Je ne l'ai pas déterminé du tout.* « J'ai simplement cité ce chiffre, qui est parmi les nombreux chiffres « indiqués pour l'évaporation celui qui se *représente* le plus souvent. »

M. l'Inspecteur général des Ponts-et-Chaussées Poirée a bien voulu nous communiquer des résultats d'observations sur l'évaporation diurne mesurée à la surface des étangs de Saclai et de Trappes près Versailles. Ces expériences accusent, pour le mois de juillet 1849 (du 17 au 25), savoir : à l'étang de Saclai dont la superficie est de 105 hectares et pour une hauteur d'eau de 1^m 68, une tranche d'eau évaporée, de.. 0^m 004

A l'étang de Trappes ; superficie, 216 hectares ; hauteur d'eau, 3^m 00 ; la tranche d'eau évaporée ou perdue, a été de .... 0^m 0026

Or, ces chiffres, dont le premier est très-supérieur au second, comprennent les déchets attribués à l'imbibition, à la végétation, etc., etc. S'ils infirment, *à priori*, la première partie de la règle de Halley et les calculs de Gautier sur l'évaporation à la surface des étangs, nous ne les citons, toutefois, que comme l'expression de faits particuliers contradictoires sans prétendre leur donner une signification qu'à nos yeux, ils n'ont pas et ne peuvent pas avoir.

Nous ne devons pas, en effet, compter sur l'exactitude de chiffres résultant d'observations faites à la surface des étangs pour mesurer l'évaporation. Les deux conditions fondamentales des expériences de cette nature sont : que l'étang sur lequel on opère soit absolument imperméable ; qu'il ne reçoive d'alimentation, ni superficielle, ni souterraine. Si ces deux conditions ne sont pas satisfaites naturellement, et il sera presque toujours impossible d'affirmer qu'elles le sont, il ne faudra accepter qu'avec défiance les chiffres donnés par cette méthode qui est pleine de dangers et qui a égaré plus d'un observateur.

(2) *Annales des Ponts-et-Chaussées,* page 392.

« résultat *serait de nature* à modifier l'importance des ouvrages
« qu'il faudrait construire dans cette contrée dans le but d'y
« créer des approvisionnements d'eau, soit pour de nouveaux
« canaux, soit pour des irrigations. »

Est-il nécessaire de faire ressortir le caractère de gravité de
cette conclusion qui n'est que la conséquence de l'énoncé comparatif qu'a fait plus haut l'auteur, des quantités d'eau évaporée
à Dijon et à Paris? A ses yeux, toute contrée dont la puissance
d'évaporation annuelle serait au-dessous de celle de Paris, qu'il
fixe à 1ᵐ 40, soit le double, à peu près, de celle de Dijon
(0ᵐ 725), sera placée dans une catégorie particulière et exceptionnelle. Les séries du canal de Bourgogne, bien qu'elles soient les
plus complètes qu'il connaisse, ne trouvent pas grâce devant
lui ; il les proscrit et les tient pour suspectes jusqu'à plus ample
informé (Annales, 1853).

Revenons donc aux observations que nous avons rappelées
pour étudier plus particulièrement les conditions dans lesquelles
elles ont été faites.

Nous ne remonterons pas au-delà des séries commencées en
1830 sur le canal de Bourgogne ; nous avons suffisamment
apprécié celles qui les ont précédées.

Les stations atmidométriques du canal de Bourgogne sont
établies entre les 47ᵉ et 48ᵉ degrés de latitude : elles sont élevées
de 80 à 400 mètres au-dessus de la mer. La nature géologique
du sol et les cultures sont très-variées.

Les observations nous montrent (1) :

Que la plus grande évaporation se fait sentir dans le mois de
juillet sur chacune des cinq stations.

Que l'évaporation maxima moyenne du mois de juillet a été
observée à la station de Dijon où elle est de 0ᵐ 1133

Que l'évaporation minima moyenne du même mois a été
observée à la station de Laroche - sur - Yonne où elle est
de 0ᵐ 0898

---

(1) L'annexe G représente les courbes des pluies et neiges et de
l'évaporation pour les cinq stations du canal de Bourgogne.

Que l'évaporation moyenne annuelle pour les cinq stations a été de.. 0ᵐ 61.

Ce qui représente une évaporation moyenne diurne de 0ᵐ 0017.

Tous les atmidomètres ont des dimensions uniformes ; ils sont installés semblablement ; les observations sont confiées à des agents qui reçoivent des instructions identiques et sont soumis à des contrôles périodiques ; il est donc permis de croire que les résultats des séries sont l'expression fort approchée de la vérité.

Les trois stations atmidométriques du canal de la Marne au Rhin sont à peu près sur le même parallèle entre les 48° et 49° degrés de latitude. Elles sont élevées de 182 à 267 mètres au-dessus de la mer. La nature géologique du sol et les cultures sont extrêmement variées.

On déduit de l'ensemble des séries :

Que la plus grande évaporation se fait sentir dans le mois de juillet, aux stations de Bar-le-Duc et de Chanteraines, et dans le mois d'août, à la station de Gondrexanges.

Que l'évaporation maxima moyenne du mois de juillet a été à peu près la même, aux stations de Bar-le-Duc et de Chanteraines, soit 0ᵐ 092 à Bar-le-Duc, et que l'évaporation maxima moyenne du mois d'août, à la station de Gondrexanges, a été de 0ᵐ 08.

Que l'évaporation moyenne annuelle pour les deux stations de Bar-le-Duc et de Chanteraines a été de.............. 0ᵐ 58.

Celle de Gondrexanges de .... 0ᵐ 41.

Ce qui représente, pour les deux premières, une évaporation moyenne diurne de .... 0ᵐ 0016.

Et pour la troisième de...................... 0ᵐ 0011.

Ces observations ont été faites avec un soin égal à celui qu'y ont apporté les préposés du canal de Bourgogne ; il faut donc les considérer comme aussi régulières que ces dernières et ajouter la même foi à leur exactitude. Sauf la particularité de la station du Gondrexanges, dont le climat humide est exceptionnel, on remarquera que la moyenne évaporation annuelle est la même sur le canal de la Marne au Rhin que sur le canal de Bourgogne.

Dans le bassin de la Garonne, les atmidomètres sont installés à des latitudes et des altitudes différentes, entre les 43ᵉ et 45ᵉ degrés de latitude nord, et à des hauteurs au-dessus de la mer variant de 8 mètres à 472 mètres. La nature géologique du sol et celle des cultures n'offrent pas des différences bien marquées ; et pourtant, les séries atmidométriques accusent des variations dans l'intensité de l'évaporation qui vont du simple au double, mesurées sur des instruments de zinc, lesquels ne paraissent pas offrir, *à priori*, de différences très-sensibles, ni quant aux dimensions, ni quant à la forme.

Les quatre stations de Montrejeau, d'Agen, de Langon et de Cadillac, montrent que l'évaporation mensuelle est maxima au mois de juillet.

L'évaporation maxima moyenne du mois de juillet est de 0ᵐ 19 à Montrejeau, de 0ᵐ 16 à Agen, de 0ᵐ 11 à Langon, de 0ᵐ15 à Cadillac.

L'évaporation moyenne annuelle est de 1ᵐ 23 à Montrejeau, de 0ᵐ 83 à Agen, de 0ᵐ 58 à Langon, de 0ᵐ 85 à Cadillac.

Ce qui représente, pour Montrejeau, une évaporation moyenne diurne, de.................................... 0ᵐ 0034.

Pour Agen, de....................................... 0 0023.

Pour Langon, de..................................... 0 0016.

Pour Cadillac, de................................... 0 0023.

On peut demander, *à priori*, quelles peuvent être les causes qui établissent une différence aussi grande entre les résultats des deux stations, de Langon et de Cadillac, situées dans la même vallée, toutes deux à une faible hauteur au-dessus de la mer et distantes seulement de quelques kilomètres : l'atmidomètre de Langon est en bois recouvert de zinc ; celui de Cadillac est en zinc ; l'un et l'autre sont enterrés sur la plus grande partie de leur hauteur. La présence d'un doublage de bois, dans cet instrument, suffit-elle à justifier la différence signalée ? Nous l'ignorons : mais, si l'on réunit cette cause à d'autres, telles que la différence d'orientation, le voisinage de bâtiments ou de plantations, une foule de circonstances locales que l'instrument seul peut faire apprécier, enfin, des erreurs d'observation et même des pertes d'eau invisibles, l'on expliquera l'écart de l'un des instruments sur l'autre : quoi qu'il en soit, si l'on adopte la moyenne évaporation annuelle de ces deux stations très-voisines de Bordeaux, car elles n'en sont qu'à quelques lieues, on trouve $0^m 715$; l'on peut affirmer que ce chiffre ne doit pas s'éloigner beaucoup de la véritable expression numérique de l'évaporation moyenne annuelle dans cette ville : et en effet, M. de Gasparin a présenté (dans le tableau L), l'évaluation de la hauteur d'eau évaporée à Bordeaux, qui est de $2^m 043$, hauteur qui aurait dû être divisée par 3, d'après ce savant observateur, soit $0^m 68$ environ, au lieu de $0^m 715$ qui a été trouvée plus haut : les séries de Langon et de Cadillac infirment donc le chiffre $2^m 043$ et démontrent que celui qui représente l'évaporation moyenne annuelle aux environs de Bordeaux n'est que le 1/3 environ de ce chiffre exagéré.

Mais si l'on rapproche les résultats des séries de Montrejeau de ceux des autres séries du bassin de la Garonne, on remarque que l'altitude paraît influer sur l'évaporation, puisque la station d'Agen donne $0^m 83$ à l'altitude de 55 mètres, et celle de Montrejeau $1^m 23$ à l'altitude de 472^m. La latitude de Montrejeau (43e degré) entre-t-elle pour une part quelconque dans la grande valeur de l'évaporation qui est propre à cette station ? C'est un problème dont la solution n'est pas encore trouvée ; nous avons dit précédemment que les séries contenues dans le tableau L étaient loin de suffire à autoriser des déductions sérieuses. Mais il ressort manifestement des séries des quatre stations de la Garonne que l'évaporation moyenne annuelle, en y comprenant même la station exceptionnelle de Montrejeau, n'atteindrait que le chiffre de $0^m 87$.

Sur la rivière d'Yonne et sur le canal du Nivernais, les stations atmidométriques de Sens, de Joigny, d'Auxerre, de Clamecy, de Pannetière, de Baye et de Decize, sont établies entre les 47e et 48e degrés de latitude nord, à des altitudes variant de 75 à 280 mètres au-dessus de la mer ; elles sont situées sur des terrains de natures géologiques très-diverses soumis à des cultures plus variées encore.

Les séries de ces sept stations mettent en relief les faits atmidométriques suivants :

C'est dans le mois de juillet que l'on observe la plus grande évaporation.

Le maximum de l'évaporation moyenne du mois de juillet est variable pour chaque station ; elle est de 0^m 093 à Decize ; de 0^m 112 à Baye ; de 0^m 107 à Pannetière ; de 0^m 118 à Clamecy ; de 0^m 103 à Auxerre ; de 0^m 119 à Joigny ; de 0^m 147 à Sens.

L'évaporation moyenne annuelle est de 0^m 50 à Decize ; de 0^m 60 à Baye ; de 0^m 66 à Pannetière ; de 0^m 69 à Clamecy ; de 0^m 557 à Auxerre ; de 0^m 638 à Joigny ; de 0^m 81 à Sens.

Ce qui représente pour Decize une évaporation moyenne diurne de.................................. 0^m 0014

Pour Baye, de 0 0016

Pour Pannetière, de....................... 0 0018

Pour Clamecy............................. 0 0019

Pour Auxerre, de.......................... 0 0015

Pour Joigny, de 0 0017

Pour Sens, de............................. 0 0022

Eu égard à la similitude des instruments, l'on serait tenté d'attribuer la plus grande évaporation à Sens qu'à Decize, à la latitude et à la hauteur relatives de ces deux stations ; mais cette observation serait infirmée par les résultats comparés d'Auxerre et de Joigny. Nous ne pouvons donc, en l'état de nos connaissances incomplètes, faire la part qui revient, dans l'acte de l'évaporation, à la latitude et à la hauteur de la station au-dessus de la mer, les autres circonstances générales ou locales pouvant exercer une influence prédominante sur le phénomène.

Ce qui reste acquis, c'est la concordance des séries du Nivernais et de l'Yonne avec celles des autres stations que nous avons étudiées plus haut.

Que voyons-nous, en définitive, dans le rapprochement de tous ces résultats observés dans les départements de la Côte-d'Or, de l'Yonne, de la Meuse, de la Meurthe, de la Haute-Garonne, de Lot-et-Garonne, de la Gironde et de la Nièvre?.

Nonobstant la diversité des instruments, la différence des latitudes, des altitudes, les variations géologiques, orographiques, thermométriques et agricoles; que voyons-nous? des résultats que l'on peut dire concordants.

Le phénomène de l'évaporation s'y fait sentir particulièrement au mois de juillet (à l'exception de la station de Gondrexanges). Le maximum de l'effet produit mensuellement pendant le mois de juillet, varie de 0^m 20 à Agen, à 0^m 08 à Gondrexanges (en éliminant la station de Montrejeau placée au pied des Pyrénées).

L'intensité de l'évaporation moyenne annuelle varie entre les limites, de 0^m 83 à Agen, à 0^m 497 à Decize (en éliminant les deux stations extrêmes de Montrejeau 1^m 23, Gondrexanges, 0^m 41).

L'intensité de l'évaporation moyenne annuelle mesurée aux 17 stations des 8 départements mentionnés (déduction faite des stations exceptionnelles de Montrejeau et Gondrexanges) est représentée par.................................... 0^m 6418
Et l'intensité de l'évaporation moyenne diurne par   0^m 00175

D'où il suit :

Que la hauteur qui exprime l'évaporation moyenne annuelle mesurée en ces divers lieux n'est que les 46/100es de celle qui est admise par l'auteur cité précédemment (1^m 40).

Ces résultats ne sont d'ailleurs que la confirmation de ceux que renferme le tableau L de M. de Gasparin. Prenons, en effet, tous les chiffres de ce tableau, tels qu'ils se présentent et sans rechercher leur degré d'exactitude, et comptons seulement les stations situées sur le continent français, qui sont au nombre de 16 et que nous réduisons à 15, en éliminant celle de Bordeaux, dont le chiffre est manifestement triple de sa valeur réelle, ainsi que nous l'avons démontré plus haut. Parmi ces 15 stations, *trois* seulement : Orange, Arles, Marseille, présentent des chiffres énormes et supérieurs à 1^m 40. Nous ne sommes pas en mesure, quant à présent, d'infirmer ou de confirmer leur valeur.

Mais nous en admettons provisoirement l'exactitude ; il en résulte toutefois que sur 15 stations, 12 fournissent des résultats inférieurs à 1^m 40.

Nous venons d'ailleurs d'analyser les séries des 17 stations des divers départements que nous avons cités et nous avons vu , qu'aucune de ces stations ne donne une évaluation supérieure ou même égale à 1^m 40.

D'où nous tirons cette déduction que sur 34 stations de l'empire francais, *trois* seulement : Orange, Arles, Marseille, fournissent des évaluations supérieures à 1^m 40, et les 31 autres une évaluation très-inférieure, ce qui permet manifestement d'affirmer : *que l'exception signalée se trouve être la règle, et la règle l'exception* (pages 28, 30).

Ce premier point mis hors de débat, continuons notre sujet.

Nous avons vu que Lambert (de Berlin) a cru pouvoir conclure de ses expériences que la marche de l'évaporation dans plusieurs vases était représentée par des courbes qui conservent leur parallélisme et peuvent être considérées, sans erreur sensible, comme des lignes droites.

Pour vérifier cette déduction et démontrer l'exactitude des conclusions des physiciens dont nous avons parlé précédemment, relatives aux variations de la mesure de l'évaporation observée sur des vases de dimensions différentes, nous avions fait exécuter par un Ingénieur attaché au service du canal de Bourgogne (1), des observations sur la marche de l'évaporation dans deux vases d'inégales dimensions : ces observations commencées en 1850 furent continuées pendant quelque temps. On en trouve le détail dans le tableau K pour les années 1850, 1851, 1852 et 1853.

Le grand bassin de 2^m 50 de côté est celui qui a servi aux observations résumées dans le tableau B.

(1) M. Ruinet, ingénieur des ponts-et-chaussées.
Nous avons quitté le service du canal de Bourgogne, au commencement de l'année 1852, et M. Ruinet à la fin de l'année 1853. C'est à l'obligeance de cet Ingénieur que nous devons les renseignements dont il s'agit.

Le petit bassin avait 0^m 40 de côté. Ces deux bassins de zinc étaient établis l'un à côté de l'autre, dans le jardin de l'éclusier du canal sur le port de Dijon.

Les observations sur la marche comparative de l'évaporation ont été commencées dans le mois de mai 1850. Les lacunes que l'on remarque dans les séries sont dues à l'interruption des observations pendant la gelée ou à d'autres causes.

Quoi qu'il en soit, la comparaison des chiffres tirés des colonnes correspondantes aux deux bassins pour la mesure de l'évaporation, fait ressortir avec évidence les déductions suivantes :

1° Si l'on retranche, en 1850, les quantités d'eau évaporée dans le grand bassin, pendant les mois de janvier, février, mars et avril (les observations manquent pour le mois de décembre), l'on trouve que pour les sept autres mois de l'année, la tranche d'eau évaporée dans le grand bassin a été de....... 0^m 5785

Dans le petit, de............................ 0 6415

2° Si l'on fait abstraction, en 1851, des résultats du mois de décembre pour les deux bassins, l'on voit que la tranche d'eau évaporée dans le grand bassin a été, pour les onze mois, de.. 0^m 5260

Dans le petit, de 0 7,487

3° Si l'on fait abstraction, en 1852, des résultats du mois de janvier pour les deux bassins, l'on voit que la tranche d'eau évaporée dans le grand bassin a été, pour les onze mois, de.. 0^m 650

Dans le petit, de............................ 1 084

4° Enfin, si l'on néglige, en 1853, les résultats des mois de février, mars, décembre, pour les deux bassins, le grand donne pour les neuf autres mois...................... 0^m 4602

Le petit.................................... 0 5192

Ce qui signifie que la mesure totale de l'évaporation annuelle dans le *petit* bassin a été constamment *supérieure* pour la durée de ces observations à la mesure de l'évaporation dans le *grand*.

Ce résultat, rapproché des observations faites en 1856 et 1857 à Dijon et à Saint-Jean de-Losne (tableau K), confirme les opinions des physiciens de la fin du dernier siècle et du commencement de celui-ci,

Nous devons faire remarquer, à l'égard de ces observations, les difficultés matérielles qu'elles présentent et les erreurs fréquentes que peuvent commettre les personnes chargées par obligation et non par zèle et dévoûment pour la science, du soin de recueillir les faits : c'est à cela qu'il faut attribuer les anomalies que nous avons indiquées par des astérisques dans le tableau K. C'est probablement à la même cause qu'il faut imputer sinon la totalité, au moins la plus grande partie des écarts d'observations qui troublent la régularité de la marche comparative de l'évaporation dans les deux bassins, et qui tendent à altérer la loi du parallélisme de Lambert.

Le fait principal est, dans tous les cas, mis hors de contestation, savoir : l'inégalité de l'activité de l'évaporation qui s'exerce à la surface de deux bassins inégaux, et la prédominance du chiffre qui la représente dans le petit bassin sur le chiffre correspondant du grand. C'est à ce fait qu'il faut particulièrement s'attacher pour la démonstration que nous nous étions proposée.

Les expériences faites jusqu'ici sur l'évaporation et la plupart des inductions qui en ont été tirées, ne doivent donc être acceptées qu'avec la plus grande réserve, au point de vue de leur généralisation et de leur application à l'agriculture et aux travaux publics. Il ne faut pas plus invoquer Sédilleau que Halley, Lambert que Vanswinden, Musschenbroëck que Walérius, Cotte que les observateurs plus modernes, pour chercher à établir en un lieu déterminé, à l'aide d'observations faites sur un autre, soit une mesure absolue de l'évaporation, soit un rapport constant entre la quantité de pluie et celle de l'eau évaporée.

Quel but se proposaient, en général, les observateurs et les physiciens qui se sont occupés jusqu'ici d'études sur la mesure de l'évaporation? De connaître la quantité moyenne annuelle de l'eau qui était enlevée par l'évaporation, de la surface des rivières, bassins ou canaux à l'air libre.

L'expérience seule pouvait les mettre en présence des difficultés sérieuses que comportaient ces recherches. Ils avaient entrepris des observations sur des vases de faibles dimensions, espérant, par analogie, appliquer à de grandes surfaces liquides les résultats déduits d'observations faites sur ces petits instruments. Telle est l'origine des erreurs qui obscurcissent aujourd'hui cette partie de la science météorologique, et qu'il était si essentiel de dissiper. C'est une tâche que le savant auteur du *Cours d'Agriculture*, M. le comte de GASPARIN, avait déjà entreprise, lorsque nous nous sommes occupé de cette question : l'honneur de l'initiative lui appartient tout entier.

L'Ingénieur qui a établi les atmidomètres du canal de Bourgogne avait compris que les résultats qu'ils fourniraient seraient d'autant mieux appropriés au but de ses études que les bassins présenteraient des surfaces liquides *plus étendues*. En fait, les atmidomètres du canal de Bourgogne étaient, comme on a pu le voir, en les comparant à ceux que nous avons cités, les plus vastes qui aient été construits jusqu'alors ; leur largeur (2ᵐ 50) peut entrer en comparaison avec celle d'un bief de canal, et puisque l'expérience semble prouver que l'intensité de l'évaporation varie avec les dimensions des vases et paraît augmenter même en raison inverse de ces dimensions, il était plus logique ou tout au moins plus naturel de chercher à déduire la mesure de l'évaporation qui s'opère sur un bief de canal, des indications fournies par un instrument présentant une surface liquide de 6ᵐ 25, que des verres quasi-cylindriques de Lambert ou du vase de Cotte, qui n'offrent que des surfaces liquides *mille fois* moindres.

D'un autre côté, la nature des parois en contact avec l'air ambiant, exerce sur l'intensité de l'évaporation une action variable, mais probablement proportionnelle à leur étendue, à leur couleur, à leur conductibilité, etc., etc. ; cette action sera d'autant moindre que le rapport entre les surfaces liquides et les surfaces de ces parois sera plus considérable. Or, dans le vase de Cotte, ce rapport était moyennement de 0, 20, tandis que dans les atmidomètres du canal de Bourgogne qui ne présentent à l'air que la surface visible des parois sur 0^m 20 de hauteur moyenne, ce rapport est de 3, c'est-à-dire *quinze* fois plus grand.

En résumé, pour répondre à l'opinion de l'auteur (1) sur les séries atmidométriques du canal de Bourgogne, nous avions entrepris de démontrer que le phénomène de l'évaporation superficielle de l'eau dans un bassin à l'air libre était, quant à présent et pour la région de la France à laquelle elles s'appliquent, plus fidèlement représenté par les séries dont il s'agit que par toutes les séries anciennes que nous avons analysées, même par celles de Cotte, qui ont été faites avec le plus grand soin, et, qu'ainsi que nous l'avons prouvé, l'anomalie signalée par l'auteur est bien positivement la règle que confirme rétrospectivement l'exactitude des séries du canal de la Marne au Rhin, de celui du Nivernais et du bassin de la Garonne, en les étendant à la plus grande partie du territoire continental de l'Empire français.

Toutefois cette démonstration ne suffit pas à notre but et nous voudrions pouvoir la compléter.

Nous avons vu que M. de Gasparin a essayé de corriger les erreurs provenant de la température et des vents par des artifices très-ingénieux, et que, moyennant leur emploi, ce savant agronome établit, en fait, que l'évaporation superficielle peut être indifféremment observée dans un petit ou dans un grand bassin métallique.

A sa demande, des expériences ont été faites en 1856, à Dijon, par les Ingénieurs du canal de Bourgogne, sur deux petits bassins d'évaporation présentant une surface de 1/10e de mètre carré, et dont l'un avait 0^m 25, et l'autre 0^m 06 de profondeur. Les variations de la surface de l'eau ont été observées au moyen de vis verticales, et les chiffres corrigés à l'aide des indications d'un udomètre de forme identique aux petits bassins d'évaporation.

Le tableau M renferme les séries d'observations faites du mois

(1) *Annales des Ponts-et-Chaussées*, mémoires de 1850 et 1851.

d'avril 1856 au mois de février 1858, sur les deux petits bassins et sur l'atmidomètre du canal, de 6ᵐ 25 de superficie. On en déduit nettement, sauf quelques anomalies inévitables, que l'intensité de l'évaporation est *en raison inverse de la profondeur des bassins et de leur superficie.*

En admettant que l'emploi des procédés recommandés par M. de Gasparin permette d'observer désormais sans cause d'erreur, la marche de l'évaporation sur uu bassin métallique d'une dimension quelconque, il n'en resterait pas moins acquis que tous ou presque tous les résultats obtenus *antérieurement* sont réputés plus ou moins erronés, et d'autant plus qu'ils ont été observés sur des vases métalliques de dimensions plus faibles, et que les *séries du canal de Bourgogne et celles du canal de la Marne au Rhin sont et doivent être acceptées comme plus exactes, sous ce rapport, que toutes les autres.*

Nous conclurons, avec le savant auteur du *Cours d'Agriculture*, que l'activité du phénomène de l'évaporation superficielle des eaux varie avec la situation géographique du lieu que l'on considère, avec son altitude, son exposition, le voisinage des fleuves, des lacs, des mers, des forêts, des montagnes ou des plaines, avec les vents régnants, la température, la constitution du sol, etc., etc., car ce phénomène n'est pas plus constant, en passant d'un lieu à un autre, que tous ceux qui subissent l'influence des causes modificatrices naturelles dont nous venons de parler, et l'on ne doit pas plus s'étonner que l'intensité de l'évaporation change d'un point à un autre du globe, que la température, la pression barométrique, la quantité de pluie ou de neige, etc., etc., en un mot, que la plupart des phénomènes de cet ordre dans le monde physique.

Mais pour prévenir désormais les incertitudes ou les erreurs qui pourraient se glisser dans les séries atmidométriques obtenues par une application inintelligente des procédés de M. de Gasparin, et, sans nous prononcer d'ailleurs d'une manière absolue et prématurée sur le mérite des artifices qu'il a employés, nous sommes naturellement conduit à proposer d'adopter un instrument *uniforme* pour mesurer, sur toute la surface du territoire, l'évaporation superficielle des eaux qui s'exerce sur des bassins à l'air libre, et d'installer cet instrument dans des conditions semblables et comparables.

C'est le premier pas à faire dans cette voie : sans unité ni réglementation, les observations entreprises par les personnes, même les plus zélées et les plus ferventes, demeureront stériles et frappées d'une juste prévention ; c'est ce que l'expérience a prouvé jusqu'ici. Les résultats, obtenus à grand'peine, iront grossir des recueils périodiques et des collections déjà trop volumineuses, ou servir de textes à quelques Mémoires dont les conclusions élastiques, incertaines et contradictoires, n'auront d'autre effet que d'augmenter un peu plus l'obscurité de la situation.

Nous avons vu, dans ces dernières années, paraître des ouvrages traitant les questions les plus difficiles de l'hydrologie, celles des inondations. M. Vallès, Ingénieur en chef des Ponts-et-Chaussées, a exposé dans un ouvrage couronné par l'Académie impériale de Bordeaux, ses idées sur ce grave sujet (1). Le phénomène de l'évaporation devait y occuper naturellement et nécessairement une grande place : nous y voyons admise, comme un fait irrévocablement acquis, cette hypothèse (pages 20, 21, 24 et 26) :

« Que l'évaporation journalière moyenne a pour mesure, dans
« nos contrées, quatre millimètres. »

L'auteur confirme cette hypothèse par la déclaration suivante :

« Il était d'autant plus utile de rendre cette conclusion *inat-*
« *taquable*, qu'en matière d'évaporation, il existe beaucoup de
« préjugés, *même parmi les hommes éclairés* (2). »

(1) *Études sur les Inondations*, 1857.

(2) M. Ruinet, Ingénieur des Ponts-et-Chaussées, qui fut pendant quelques années attaché au service du canal de Bourgogne sous nos ordres, a répondu au Mémoire de M. Vallès dans une note pleine d'intérêt, qui est insérée au cinquième cahier des Annales des Ponts-et-Chaussées, pour l'année 1860 : M. Ruinet était au courant de nos recherches.

— 44 —

Un autre Ingénieur, M. Monestier Savignat, a publié, à propos
des inondations, un Mémoire volumineux (1) dans lequel il a répété l'erreur accréditée par l'autorité de M. Vallès, en adoptant
pour l'évaporation journalière moyenne dans nos contrées, la
même évaluation de *quatre millimètres ;* les conséquences auxquelles cet Ingénieur arrive ne sont pas moins erronées que
celles de M. Vallès et conduiraient aux mêmes mécomptes et
aux mêmes déceptions (2).

Ces exemples tout récents et qui datent d'hier, nous montrent
combien le phénomène de l'évaporation est encore peu connu,
combien il a besoin d'être mieux étudié et à quelles erreurs conduiraient, d'une part, l'ignorance des lois locales qui régissent ce
phénomène, et de l'autre la substitution des résultats *moyens
généraux* déduits d'observations faites dans des situations très-
différentes, à des résultats *moyens locaux* que l'étude atmidométrique de chaque bassin hydrographique aurait pour objet de
mettre à notre disposition.

C'est donc par l'uniformité et la réglementation que l'on
pourra parvenir un jour à fixer les idées sur cette question importante, à rectifier les erreurs que l'on a commises jusqu'alors,
et à mettre fin aux contradictions qui tiennent à des causes mul-
tiples que nous avons suffisamment indiquées dans les pages qui
précèdent. L'étude atmidométrique de chaque bassin hydrographique est certainement l'unique voie qui puisse conduire à la
vérité pratique. Cette démonstration nous paraît ressortir d'une
manière assez évidente, des développements dans lesquels nous
sommes entré, pour qu'il soit superflu d'insister davantage.

(1) *Études sur les Eaux au point de vue des Inondations,* 1858.

(2) *Bulletin scientifique,* de M. BABINET, membre de l'Institut. *Consti-
tutionnel* du 22 novembre 1863.

CHAPITRE III.

DES EAUX PLUVIALES SUPERFICIELLES ET SOUTERRAINES DANS LEURS RAPPORTS AVEC L'ATMIDOMÉTRIE. — DU COEFFICIENT D'ÉCOULEMENT SUPERFICIEL ET SOUTERRAIN. — ANALYSE ET DISCUSSION DES RÉSULTATS D'OBSERVATIONS ET D'EXPÉRIENCES FAITES SUR L'ÉVAPORATION A LA SURFACE DES TERRES.

Un des points les plus intéressants de l'hydrologie consiste à déterminer les conditions générales de l'écoulement des eaux pluviales à la surface du sol. Les deux phénomènes quasi corrélatifs, la pluie et l'évaporation, se rattachent d'une manière directe à la recherche des lois et conditions de cet écoulement considéré dans ses rapports avec le régime des cours d'eau, la navigation, l'agriculture et l'hygiène publique.

L'hydrologie n'est pas une science née d'hier, ainsi que paraissent le croire et que l'ont écrit quelques personnes, car si son origine ne remontait pas aux premiers âges du monde, Bernard Palissy, qui fut l'une des illustrations les plus originales de la France artistique du xvie siècle, et qui demeura l'une de ses gloires les plus pures, pourrait en revendiquer la paternité. L'on en peut juger par la lecture de ses œuvres qui sont empreintes d'une naïveté et d'une sagacité si remarquables (1). Les études hydrologiques de Perrault, Mariotte, Sédilleau, attestent d'ailleurs que dans le cours du xviie siècle cette question était, en France, à l'ordre du jour (2). L'on voit dans le Mémoire de Sédil-

(1) Voir particulièrement le livre intitulé : *Des eaux, des fleuves, fontaines, puits, cisternes, estangs, marez* et *autres eaux douces*; *de leur origine, de leur bonté, mauuaistié* et *autres qualitez.*

(2) *De l'Origine des rivières,* par SÉDILLEAU : *Mémoires de l'Académie des Sciences de Paris,* tome X, page 325, 31 mai 1693.

Voir l'introduction du *Traité des Rivières et des Torrents,* par le R. P. FRIZI, 1774.

leau sur l'*Origine des Rivières*, que les physiciens attachaient un
certain intérêt à découvrir le rapport qui peut exister entre le
débit des rivières et la quantité de pluie qui tombe sur leurs bassins ou versants naturels, rapports qu'il appelle *Coëfficient d'écoulement;* bien que les principes et les hypothèses sur lesquels cet
académicien s'est fondé pour essayer d'établir ce rapport, soient
ou erronés ou sujets à critique, il est un point hors de discussion : c'est que les investigations des physiciens que nous venons
de nommer s'étaient portées vers des études qui exercent encore
et exerceront longtemps, sans doute, la sagacité des hydrauliciens.

Sans remonter trop haut dans l'histoire des travaux de cette
nature, nous rappellerons les recherches les plus récentes, celles
de MM. Lombardini, en Italie, sur l'Adda et sur le Pô (1);
Dausse, sur les principales rivières de France, et notamment sur
la Seine (2) ; Belgrand, sur l'hydrographie de cette rivière (3) ;
Vallès, sur le projet de dessèchement du lac de Grand-Lieu (4);
Charié, sur le canal du Nivernais (5); Baumgarten, sur le Ti-
bre (6); Vignon, sur les observations entreprises dans les montagnes du Morvan (7); Vallès, sur les inondations (8); Monestier
Savignat, sur le même sujet (9).

Après avoir fait quelques pas seulement dans cette voie, l'on
s'aperçoit que les physiciens et les ingénieurs qui ont traité ces
questions, ne sont pas plus d'accord entre eux que les météorologistes ne le sont sur la mesure de l'évaporation à la surface des
eaux.

(1) *Annales des Ponts-et-Chaussées*, 1847, page 159.

(2) *Annales des Ponts-et-Chaussées*, 1842, page 184.

(3) *Annales des Ponts-et-Chaussées*, 1846, page 129.

(4) *Annales des Ponts-et-Chaussées*, 1848, page 179.

(5) *Annales des Ponts-et-Chaussées*, 1851, page 323.

(6) *Annales des Ponts-et-Chaussées*, 1853, page 297.

(7) *Annales des Ponts-et-Chaussées*, 1853, page 145.

(8) *Études sur les Inondations*, 1857.

(9) *Études sur les Eaux au point de vue des Inondations*, 1858.

Mariotte estimait qu'il suffit de la sixième partie de l'eau de pluie qui tombe annuellement sur la superficie du bassin de la Seine, en amont de Paris, pour assurer le débit annuel de cette rivière, en d'autres termes, les 5/6ᵉˢ ou les 0,83 de la quantité de pluie tombée seraient absorbés par la végétation, l'évaporation et par d'autres causes indéterminées (1).

M. Dausse évalue l'absorption par l'évaporation seule à plus de 1/2 pour le semestre d'hiver (novembre-avril), et aux 5/6ᵉˢ pour le semestre d'été (mai-octobre) de la quantité de pluie tombée sur le bassin naturel de cette rivière.

M. Belgrand a entrepris de démontrer que l'absorption par l'évaporation de l'eau de pluie sur le versant de la Seine ne pouvait excéder 0,44 de cette quantité, soit 12 milliards de mètres cubes sur 28 que fournit la pluie, et qu'en déduisant les 8 milliards qui passent annuellement sous les ponts de Paris, les 8 milliards restants sont absorbés par le sol perméable.

Dans un mémoire sur les rivières de la Lombardie, que nous avons déjà eu l'occasion de citer, M. Baumgarten rapporte les observations faites par M. l'Ingénieur Lombardini sur les fleuves de l'Adda et du Pô. Il dit que si on comparait la courbe des pluies à Paris avec celles des débits de la Seine, on verrait une grande correspondance entre elles, et que celle des pluies est précisément inverse de celle des débits, parce que, en été, la pluie est plus abondante que l'évaporation *absorbe presque toute l'eau qui tombe* et qu'il en arrive peu à la Seine.

M. Baumgarten semble attribuer comme M. Dausse, à l'évaporation seule, l'absorption de la différence entre le volume

(1) PERAULT, dans son livre sur l'*Origine des Fontaines*, a fait un calcul analogue pour le bassin de la Seine, vers sa source, et trouve, comme Mariotte, pour le bassin complet jusqu'à Paris, que le coëfficient d'écoulement serait 5/6ᵉ ou 0,83; dans le Mémoire de Sédilleau, cité plus haut, on annonce que l'expérience de Perrault embrasse une étendue de trois lieues du cours de la Seine, depuis sa source jusqu'à Arnay-le-Duc. Il doit y avoir erreur dans cette indication, car Arnay-le-Duc n'est pas sur la Seine.

des eaux que fournit la pluie et celui que débite le fleuve (1).

M. Vallès, dans les deux mémoires cités plus haut, reconnaît que les terres absorbent une notable partie de l'eau qui tombe sur leur surface ; il partage l'opinion de M. Belgrand (2).

Les observateurs ne sont donc pas d'accord sur les causes qui établissent une si grande différence entre le volume d'eau de pluies tombées sur un bassin hydrographique et le volume débité par la rivière que ces pluies alimentent. C'est un point capital qu'il est essentiel de mettre hors de contestation.

S'il est vrai que la quantité de pluie change d'un lieu à un autre, que l'évaporation soit plus ou moins grande selon les causes nombreuses et variées qui influent sur son intensité, que la température moyenne s'élève ou s'abaisse d'un lieu à un autre et que les phénomènes hydrométéoriques aient une relation nécessaire quoique indéterminée avec les cultures d'un pays, il ne l'est pas moins que la constitution matérielle du sol doit exercer et exerce une action très-sensible sur l'écoulement des eaux pluviales à sa surface.

Cet écoulement varie avec l'intensité et la durée de la pluie, de la chaleur, du vent, l'inclinaison des versants et la nature des cultures et celle du terrain.

Il est évident, *à priori*, et toutes choses égales d'ailleurs, que l'écoulement des eaux pluviales est d'autant plus rapide que la masse d'eau qui tombe dans l'unité de temps est plus grande, que la température est moins élevée au-dessus du degré de la congélation, que le vent est moins violent, que l'inclinaison des versants est plus grande et que le sol est moins perméable.

Mais la culture des terrains et les végétaux qui les recouvrent jouent un rôle très-considérable dans l'écoulement des eaux pluviales. Cet écoulement sera plus rapide si, toutes choses égales,

(1) Dans le mémoire de 1853, déjà cité (*Annales,* mai et juin), M. BAUMGARTEN attribue à la nature du sol une plus large part dans l'absorption des eaux pluviales.

(2) La notion de l'absorption des eaux pluviales dans le sol n'est pas nouvelle. BERNARD PALISSY la professe dans ses écrits. — *Dialogue sur les eaux et fontaines.*

et notamment à égalité de perméabilité, le sol est dépouillé de plantes, s'il est en nature de jachère, de landes, ou de friches ; les forêts, les broussailles, les prairies, les végétaux, pendant l'été surtout, et abstraction faite de l'eau qu'ils absorbent pour leur nutrition, diminueront la vitesse de l'écoulement des eaux pluviales (1).

Les travaux hydrauliques agricoles, tels que curages et rectifications des fossés et ruisseaux, modifieront notablement le régime des cours d'eau en accélérant la vitesse du fluide et l'écoulement des eaux pluviales dans les thalwegs. Si ces divers travaux exécutés sur une grande superficie d'un bassin hydrographique ne doivent pas toujours et nécessairement augmenter l'amplitude des crues, eu égard aux circonstances particulières et locales qui s'y opposeraient, il n'est guère permis de douter que l'écoulement ne soit plus rapide, la durée des crues diminuée, le régime de l'étiage plus long et que ces travaux ne doivent contribuer à appauvrir les cours d'eau en été, au préjudice de l'irrigation, de l'alimentation des hommes et des animaux, de l'hygiène publique, des usines hydrauliques, de la navigation, etc., etc. On pourra réparer ce préjudice par l'établissement de réservoirs artificiels. Le remède est toujours à côté du mal.

Les curages et les rectifications du lit des ruisseaux et des fossés, les déboisements, les substitutions de cultures annuelles aux prairies naturelles, produiront probablement les mêmes modifications dans le régime des cours d'eau.

Quant aux déboisements et aux substitutions de cultures annuelles aux prairies naturelles, le résultat final est plus difficile à préjuger, eu égard à l'égalité ou à l'inégalité qui pourra s'établir dans un sens ou dans l'autre, suivant les cas, entre l'accroissement de l'absorption des eaux pluviales résultant de

(1) *Considérations sur le dessèchement des terrains marécageux*, par M. de BELLEGARDE, Ingénieur des Ponts-et-Chaussées. On peut voir dans cette notice comment la culture a modifié l'écoulement des eaux pluviales sur les plateaux des *Landes et de la Benauge dans le département de la Gironde*, 1853.

la culture et de l'accroissement de la vitesse d'écoulement superficielle de ces eaux dans les fossés et les chemins, la nature du sol étant supposée la même dans les deux états consécutifs.

Pour étudier, d'une manière rationnelle et fructueuse, l'hydrologie d'un bassin, il faudrait donc tenir compte d'un très-grand nombre d'éléments. Une pareille obligation, si elle était de rigueur absolue, serait propre à décourager les observateurs, même les plus opiniâtres. Mais si l'on ne peut avoir égard à tous ces éléments, nous croyons du moins qu'il est possible, facile même, d'approcher du degré de perfection relative que nous indiquons, en procédant par bassins particuliers qui présentent les mêmes natures de terrain et des conditions physiques analogues. C'est le seul moyen d'éviter les mécomptes et les erreurs.

On ne lira peut-être pas sans intérêt, le résumé d'observations faites sur des terrains argileux désignés par le nom de *Lias de l'Auxois* (Etage secondaire géologique).

Voici dans quelles circonstances ces observations ont été entreprises et réalisées.

On a établi à Grosbois, sur la rivière de Brenne, dans le département de la Côte-d'Or, un réservoir destiné à l'alimentation du canal de Bourgogne ; pendant la construction du barrage de ce réservoir, on a exécuté, en 1835, 1836, 1837, des jaugeages journaliers de la rivière (1), sur l'emplacement même de ce barrage, pour en connaître les débits. Ces jaugeages ont été continués dans les années 1841, 1842, 1844 et 1845.

Lorsqu'il fut question de créer de nouveaux réservoirs d'alimentation sur le versant de l'Yonne, nous avons exécuté aussi des jaugeages et notamment sur le ruisseau de Sainte-Colombe, affluent de la Brenne, situé à égale distance de Pouilly et de Montbard. Ces jaugeages ont été faits pendant les années 1838, 1839, 1840.

---

(1) Ce sont ces jaugeages que M. MINARD a cités dans son *Cours de Construction*, page 317, pour en déduire le coëfficient d'écoulement. Nous n'avons pas rapporté ceux de l'année 1834 qui sont incomplets.

Observations faites à Grosbois.

Le versant naturel du réservoir de Grosbois présente une superficie de 24,889,550 mètres carrés ; le thalweg de la Brenne remonte jusqu'au faîte éloigné du barrage, d'environ 8 kilomètres. La hauteur moyenne de ce faîte au-dessus du point le plus bas de la vallée, dans l'emplacement du barrage, est de 120 mètres. Six vallées secondaires s'embranchent sur celle de la Brenne et lui apportent le tribut de leurs eaux.

La vallée de la Brenne, comme celle de ses affluents, est creusée dans le terrain du Lias. Le fond et les versants argileux sont couronnés par le calcaire à entroques (oolite inférieur) recouvert d'une formation désignée sous le nom de calcaire à bucardes (oolite), calcaire blanc, jaunâtre, marneux (1). Ce sont des vallées d'érosion.

Les calcaires à bucardes sont imparfaitement perméables, mais les calcaires à entroques le sont complètement. La superficie des premiers n'est qu'une faible fraction de la superficie totale du versant.

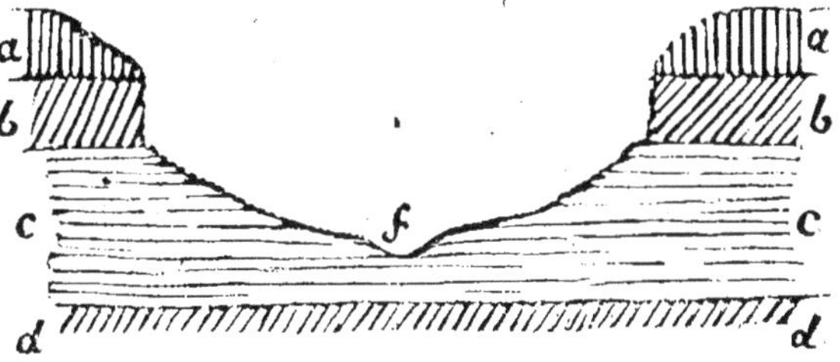

a — Calcaire à bucardes.
b — Calcaire à entroques.
c — Marnes supraliasiques.
d — Calcaire à griphées.
f — Lit de la Brenne.

(1) *Mémoire sur le terrain d'Arkose*, par M. de Bonnard, Inspecteur des Mines, 1828.

Les eaux pluviales qui tombent sur les calcaires à bucardes glissent à leur surface ou pénètrent le sol. Elles atteignent la formation des calcaires à entroques à travers lesquels elles s'infiltrent assez rapidement.

Les marnes du Lias sur lesquelles reposent ces calcaires sont complètement imperméables. Les eaux qui tombent sur elles ou qui traversent les calcaires à entroques se rendent dans le thalweg de la vallée, de telle sorte que la masse entière des eaux pluviales qui arrose le bassin afflue dans le lit de la Brenne, sauf la proportion qui est absorbée par l'évaporation et la végétation.

Les coteaux qui découpent les vallées principales et secondaires de la Brenne présentent des pentes transversales moyennes de $0^m 10$ à $0^m 15$ par mètre. Elles sont plus fortes au sommet et plus faibles au pied.

Le versant se compose, en presque totalité, de terres arables.

On n'y rencontre que très-peu de prairies naturelles et de cultures forestières.

Il n'y a pas de sources abondantes. Celles qu'on y trouve sont alimentées par les eaux de pluie qui traversent les calcaires supérieurs aux marnes des coteaux. Leur débit augmente avec la pluie et diminue avec elle.

Les jaugeages exécutés pendant les années 1835, 1836, 1837 ont donné un produit total de 39,843,748 mètres cubes, soit en moyenne, pour un an.............. 13,281,249 mètres (a).

Pendant la même période, la tranche moyenne d'eau de pluie par an, a été .... $0^m 8618$

Le cube d'eau moyen annuel, tombé sur le versant, a été de............................ 21,449,814 mètres (b).

Le rapport des quantités (a) (b) donne pour le coëfficient d'écoulement................................... 0,62

Les jaugeages exécutés pendant les années 1841, 1842, 1844 et 1845 ont donné, pour le produit moyen annuel de la Brenne .... 11,781,775 mètres (c).

La tranche d'eau moyenne de pluie a été pendant cette période de. . . . . 0^{m}81

Le cube d'eau tombée sur le versant a
été de. . . . . 20,160,535 mètres (d).

Le rapport des quantités (c) (d) donne pour le coëfficient
d'écoulement. . . . . 0,58 (1).

Observations faites à Sainte-Colombe.

Le versant naturel de Sainte-Colombe présente une superficie
de 4,896,750 mètres carrés. Le thalweg de la vallée remonte
jusqu'au faîte éloigné du point où les jaugeages ont été faits
d'environ 3 kilomètres. La hauteur moyenne de ce faîte, au-
dessus du point le plus bas de la vallée, est de 80 mètres. Il n'y
a pas d'affluents secondaires.

La vallée de Sainte-Colombe est ouverte dans le terrain du
Lias. Le fond et les versants argileux sont couronnés par le
calcaire à entroques. C'est comme celle de Grosbois, une vallée
d'érosion.

Toutes les eaux pluviales qui tombent sur le bassin naturel
affluent dans le thalweg, sauf la proportion qui est absorbée par
l'évaporation et la végétation.

La forme des coteaux et la nature des cultures sont analogues
à ce que nous avons dit pour le versant de la Brenne à Grosbois.

Les jaugeages exécutés pendant l'année 1838 ont donné un
produit total de. . . . . 2,171,936 mètres (a).

Pendant la même année, la hauteur de l'eau de pluie tombée
a été de. . . . . 0^{m} 6848

Le cube d'eau tombée sur le versant, de 3,353,294 mètres (b).

Le rapport des quantités (a) (b) donne pour le coëfficient
d'écoulement. 0,65

Les jaugeages exécutés pendant l'année 1839 ont donné un
produit total de . . . . 2,949,786 mètres (c).

(1) Voir la note N annexe.

Pendant la même année, la hauteur de l'eau de pluie tombée a été de.. 0ᵐ 9775

Le cube d'eau tombée sur le versant, de 4,786,573 mètres (*d*).

Le rapport des quantités (*c*) (*d*) donne pour le coëfficient d'écoulement... 0,62

Les jaugeages exécutés pendant l'année 1840 ont donné un produit total de..................... 1,534,965 mètres (*e*).

Pendant la même année, la hauteur de l'eau de pluie tombée a été de.. 0ᵐ 7299

Le cube d'eau tombée sur le versant, de 3,574,137 mètres (*f*).

Le rapport entre les quantités (*e*) (*f*) donne pour le coëfficient d'écoulement... 0,43

La moyenne de toutes les valeurs calculées du coëfficient d'écoulement à Grosbois et à Sainte-Colombe est de..... 0,58

Ce chiffre représente donc le *coëfficient d'écoulement* des eaux pluviales sur les terrains du *Lias de l'Auxois*. Il indique que toutes les eaux de pluie qui tombent sur ces terrains ne se rendent pas dans le lit des rivières ; que les 58 centièmes y affluent pour les alimenter, et que le reste est absorbé par l'évaporation et par la végétation, car on ne peut attribuer une action sensible à l'*infiltration* du sol. Nous avons dit, en effet, que les marnes du Lias forment, dans ces localités, une enveloppe *étanche* qui ne permet pas aux eaux pluviales de pénétrer dans les régions souterraines et de reparaître plus bas que le point de la rivière où le jaugeage en a été fait.

Les eaux pluviales s'infiltrent sous l'épiderme de ces terrains, si l'on peut employer cette expression, mais cette couche ne s'étend guère au-delà de la profondeur qu'atteint le fer de la charrue.

La portion des eaux pluviales qui n'est point absorbée par l'évaporation et la végétation, arrive dans les thalwegs par deux voies, soit en s'écoulant par les plis ou dépressions superficielles du sol, soit en s'égouttant plus lentement sous la couche remuée par la charrue.

Quant à la portion que le sous-sol peut absorber par perméabilité. on en doit faire abstraction, car elle est, avons-nous dit, probablement nulle et certainement négligeable ici (1).

Les tableaux annexes C, D montrent que la quantité de l'évaporation pour la durée de vingt années, mesurée :

A Pouilly, est de .... 0^m 57

A Montbard, de............................... 0 59

Moyenne......................... 0 58

Pouilly et Montbard sont sur les *terrains du Lias de l'Auxois :* Grosbois et Sainte-Colombe sont situés géographiquement entre ces deux stations, et géologiquement, avons-nous dit, dans les mêmes terrains.

La quantité de pluie tombée pendant vingt années est :

A Pouilly, de .... 0^m 77

A Montbard, de............................... 0 69

Moyenne......................... 0 73

Puisque l'observation prouve que le coëfficient d'écoulement est égal à 0,58, c'est-à-dire que les 58 centièmes de l'épaisseur de la tranche d'eau de pluie qui tombe sur les versants du Lias s'écoulent à leur surface pour alimenter les cours d'eau qui serpentent dans leurs thalwegs, il en résulte que la tranche d'eau pluviale qui alimente ces cours d'eau est égale à $0{,}58 \times 0^m$ 73 $= 0^m$ 42. La fraction de l'épaisseur totale de la tranche d'eau pluviale qui est enlevée par l'évaporation et la végétation, ne peut excéder le complément, soit : 0^m 73 $— 0^m$ 42 $= 0^m$ 31.

(1) Dans les sols argileux les eaux pénètrent à des profondeurs médiocres. Ainsi, dans les digues de réservoirs d'eau faites en *terre argileuse bien. corroyée*, l'eau, sous une pression de 10 à 12 mètres, ne pénètre pas à plus de 0^m 15 à 0^m 20. Dans les digues faites en terre un peu plus légère, la pénétration, quoique plus sensible, est néanmoins restreinte. D'où il suit que les eaux pluviales coulant sur un sol peu perméable, sans exercer de pression sensible, ne doivent pas y pénétrer profondément.

D'où il suit : que, dans la *localité qui nous occupe*, la tranche moyenne d'eau pluviale se partage à peu près, en deux parties égales : l'une qui s'écoule dans les thalwegs pour alimenter les cours d'eau, l'autre qui est enlevée par l'évaporation et absorbée par la végétation.

Nous ne connaissons pas la loi de répartition de cette seconde partie (0^m 31) entre l'évaporation et la végétation. C'est une lacune regrettable qu'il faudra nécessairement combler (1). Mais, quelle que soit la fraction de la tranche d'eau pluviale que la végétation absorbe, il n'est pas moins démontré que la fraction de cette tranche attribuée à l'évaporation ne pourrait atteindre et encore moins excéder 0^m 31 sur 0^m 73, dans la localité et sur les terrains que nous étudions ici.

Nous venons de voir que l'épaisseur de la tranche moyenne annuelle de l'évaporation mesurée sur les bassins à parois métalliques est, à Pouilly et à Montbard, de 0^m 58.

D'où l'on peut conclure que, si l'évaporation moyenne annuelle qui s'exerce à la surface des terrains du Lias de l'Auxois, était représentée (abstraction faite de l'influence de la végétation), par la quantité 0^m 31, l'évaporation qui s'exerce à la surface des bassins à parois métalliques (de 6^m 25 superficiels), étant égale à 0^m 58, la première n'est que les 0,535^{es} de la seconde.

On comprend, en effet, que l'air circulant librement et se renouvelant à la surface d'un bassin rempli d'eau, son action n'est gênée par aucun obstacle ; l'absorption atmosphérique s'exerce d'ailleurs d'autant plus rapidement, quelle que soit l'ac-

(1) Voir l'ouvrage de M. Vallès *sur les Inondations*, pages 27 et suivantes.

Il résulte des calculs déduits d'observations faites sur les irrigations du *Jucar en Espagne*, que la quantité d'eau fournie aux rizières pour leur arrosage est absorbée, *moitié* par le sol et par la nutrition des plantes, *moitié* par l'évaporation (*Irrigations du midi de l'Espagne*, par M. Maurice Aymard, Ingénieur des Ponts-et-Chaussées ; Paris. 1863, page 89).

tion thermique, que l'air est plus sec et moins chargé de vapeurs (1).

Tout le monde sait que, pour sécher promptement le linge mouillé, on le développe en grandes surfaces. L'évaporation sera d'autant plus prompte et relativement plus considérable, que l'air sera plus agité et plus fréquemment renouvelé.

Le feuillage des arbres et des plantes favorise, par une disposition analogue, l'évaporation de l'eau pluviale dont il est couvert. Le sol fraîchement cultivé à la charrue, à la bêche ou autrement, présente, toutes choses égales, plus de prise à l'air ambiant et favorise plus que le même sol, à l'état de jachère ou de friche, son action dissolvante. Mais il faut bien distinguer les terrains *perméables* des terrains *imperméables*. Dans les premiers, l'eau pluviale s'infiltre et disparaît rapidement, quel que soit l'état du sol, cultivé ou non. Dans les seconds, l'eau pluviale est assez vite absorbée quand le sol est fraîchement remué par la charrue (2), et quand le sol est en jachère ou en friche, l'eau séjourne à la surface, y forme des flaques, de véritables petits étangs sur lesquels l'air agit pour l'évaporer, comme sur des bassins métalliques, sauf l'influence des parois.

Ces considérations, rapprochées de l'expérience acquise sur les terrains *imperméables* du Lias de l'Auxois, tendent à démontrer que si la tranche d'eau moyenne annuelle enlevée par l'évaporation et la végétation, à la surface de ces terrains, ne peut excéder $0^m 31$, la tranche d'eau que doit enlever l'évaporation à la surface des terrains *perméables*, dans des conditions analogues, doit être beaucoup moindre.

Cette tranche ne sera jamais nulle, parce que la pluie qui tombe sur les terrains perméables n'est pas absorbée *instantanément*; il faut, en effet, un temps appréciable pour que cette

(1) *Essai sur l'Hygrométrie*, par DE SAUSSURE.

(2) Ce fait est constaté partout. Dans la province d'Alicante, en Espagne, on l'a observé particulièrement. (*Irrigations du midi de l'Espagne*, par M. Maurice AYMARD, Ingénieur des Ponts-et-Chaussées; Paris, 1864, page 155.)

absorption se réalise. En estimant cette tranche au dixième de celle des terrains imperméables, nous croyons faire une part juste et raisonnable à l'action dont il s'agit.

Il suit de là que si l'on établit une échelle comparative des terrains d'après leur puissance absorbante, en prenant pour termes extrêmes *les argiles du Lias* éminemment imperméables, dont la puissance serait représentée par 0,31, et les formations *oolithiques* et *oxfordiennes* qui sont les plus perméables, et dont la puissance serait représentée par 0,03, tous les terrains quelconques viendront se classer dans cette échelle, en proportion de la quantité d'argile que renfermera la terre végétale ; les terres les plus argileuses se rapprochant de la limite supérieure 0,31, et les terres les moins argileuses descendant au contraire vers le terme inférieur 0,03. Ce tableau serait analogue à ceux que Schübler a dressés et que nous rapporterons à la fin de ce chapitre (1).

L'étude des variations de la puissance absorbante des terrains est l'un des sujets les plus intéressants, au point de vue de l'hydrologie appliquée à l'agriculture.

Quelques tentatives dans ce genre d'observations ont été déjà faites par diverses personnes. M. Delacroix, Ingénieur des Ponts-et-Chaussées, qui fut attaché au service de la Sologne, a entrepris une série d'expériences sur les variations des niveaux des nappes d'eau souterraines considérées dans leurs rapports avec la nature des terrains. On ne peut trop désirer que ces expériences soient répétées et propagées sur des sols situés dans les conditions les plus variées (2).

On admet généralement que les forêts exercent une influence retardatrice sur l'écoulement des eaux pluviales à la surface du sol (3). Il en est de même des végétaux feuillus, rampants et des graminées en particulier.

(1) De Gasparin, *Cours d'Agriculture*, tome Ier, pages 134 et suivantes.

(2) Mémoire intitulé : *Faits de Drainage*, 1859.

(3) On pense généralement, en outre, que les forêts régularisent l'écoulement des eaux pluviales (Boussingault, *Annales de Physique et*

La présence des forêts pourrait même, dans l'hypothèse d'une certaine distribution des pluies, produire ce singulier effet pendant la saison d'été, d'empêcher les eaux pluviales d'atteindre le sol et de restituer à l'air ambiant, par évaporation, toute l'eau tombée. Pendant les autres saisons, cet effet serait beaucoup moindre, sans doute, mais néanmoins encore très-sensible.

Par exemple, tout le monde sait qu'un arbre feuillu peut rece-

de *Chimie,* tome LXIV, page 113 ; Becquerel, *Eléments de Physique terrestre et de Météorologie,* 1847).

M. l'Ingénieur en chef Belgrand a combattu cette croyance dans un Mémoire inséré aux *Annales* (1854, janvier et février). Les observations de M. Belgrand ne paraissent ni assez nombreuses ni assez étendues pour motiver ses conclusions qui infirmeraient l'opinion contraire. Les faits relatés par M. Belgrand présentent un incontestable intérêt. Ils sont groupés avec beaucoup d'habileté et trouvent naturellement leur place dans l'hydrologie de la contrée à laquelle ils se rapportent ; mais il nous paraît difficile de les accepter, *à priori,* comme l'expression d'une loi générale applicable aux régions tempérées de la France (pages 19-20).

De la Pluie et de l'influence des Forêts sur les Cours d'eau, par M. Dausse, Ingénieur en chef des Ponts-et-Chaussées (*Annales,* 1842).

Un Mémoire très-intéressant sur ce sujet a été présenté en 1860, à l'Académie des Sciences, par MM. Jeandel, Cantegril, Belland, employés de l'administration des forêts dans le département de la Meurthe. Les conclusions de ce Mémoire, qui infirment l'opinion de MM. Belgrand et Vallès, sont analysées dans une note insérée au deuxième cahier des *Annales des Ponts-et-Chaussées* de 1862. Nonobstant les critiques fondées que soulève ce Mémoire, les résultats qui y sont mentionnés sont dignes de considération.

Le reboisement des terrains en pente, conformément à la loi du 28 juillet 1860, qui a déjà produit de très-beaux résultats, semble protester, en fait, contre les théories de MM. Belgrand et Vallès. A l'opinion négative de ces deux Ingénieurs on oppose l'opinion et l'expérience d'autres Ingénieurs qui semblent concluantes.

Voir les *Comptes-Rendus des travaux de reboisement en 1862 et 1863,* par M. Vicaire, Directeur général de l'administration des forêts, et le Mémoire lu par cet habile administrateur au Congrès scientifique de 1864.

Annuaire de l'Institut des provinces, des Sociétés savantes et des Congrès scientifiques, 2e série, 7e volume, 1865, page 33.

voir une grande quantité de pluie sans qu'une seule goutte tombe sur le sol. Si la pluie cessait au moment où l'arbre, à l'instar d'une éponge, est saturé d'eau, celle-ci disparaîtrait par l'évaporation. La succession de telles intermittences de pluie et de sécheresse pendant l'été aurait cette singulière conséquence sur un pays entièrement couvert de forêts ou de végétaux feuillus, le sol en fût-il même complètement imperméable, de priver les cours d'eau de leur alimentation.

Mais lorsque l'arbre est dépouillé de ses feuilles, la pluie s'attache encore aux branches qu'elle mouille, et bien que, toutes choses égales, la quantité d'eau qui s'y fixe par adhérence soit infiniment moindre que lorsqu'il est couvert de feuilles, cependant il se produirait encore ici par la succession des intermittences de pluie dans les conditions présupposées, une diminution sensible de la quantité d'eau pluviale qui s'écoulerait dans les thalwegs.

Il est donc incontestable que la nature des cultures, non moins que la nature physique du sol, sont des éléments qui jouent un rôle très-important dans la formation du coëfficient d'écoulement des eaux pluviales, et que l'hydrologie d'un pays resterait toujours incomplète, si les observateurs en faisaient abstraction.

Les faits que nous venons d'exposer dans ce paragraphe sont purement locaux. Ils appartiennent à l'hydrologie d'une contrée particulière, bien qu'à vrai dire nous les croyions communs à des terrains de même nature, situés dans des conditions comparables. Cependant, ce serait nous écarter de notre but que d'essayer de les généraliser quant à présent, et d'en déduire une loi qui ne serait pas vérifiée par des observations entreprises dans des conditions différentes.

Le Cours d'Agriculture de M. le comte DE GASPARIN renferme des documents précieux sur cette matière digne des plus sérieuses méditations, et l'on y trouve, à côté des travaux exécutés par des physiciens et météorologistes, ceux non moins remarquables dont la science est redevable à l'activité du savant agronome.

Voici le résumé des expériences faites sur l'intensité relative de l'évaporation à la surface des eaux et du sol, par M. le comte de Gasparin, à Orange, de 1821 à 1822, et par M. Maurice, à Genève, de 1796 à 1797, pour chacun des douze mois de l'année (1).

LIEUX ET DATES des OBSERVATIONS.	ÉVAPORATION de L'EAU.	ÉVAPORATION de la TERRE.	PLUIE.	RESTE de l'eau MÉTÉORIQUE.
Genève (1796-1797)....	1.210.254	402.286	643.515	+ 252.220
Orange (1821-1822)....	2.281.3	579.3	721.9	+ 124.3

De ce tableau, M. de Gasparin conclut :

Qu'à Genève, l'évaporation de la terre enlevait les 0,61 de pluie tombée et qu'elle était les 0,33, environ, de l'évaporation de l'eau ;

Qu'à Orange, l'évaporation de la terre était les 0,80 de la pluie et un peu au-dessous des 0,33 de l'évaporation de l'eau ;

Que dans l'une et l'autre localité, la pluie laisse un excédant d'humidité dans la terre, après avoir fourni à son évaporation, à Genève les 0,386 de la totalité ; à Orange les 0,170 seulement.

Dans les deux localités, les expériences ont été faites avec des instruments à peu près semblables. Les différences accusées par la comparaison des résultats sont attribuées, par M. de Gasparin, à la différence des conditions météorologiques des deux localités, à l'inégalité de la répartition des pluies et des températures et à la diversité des qualités ou propriétés physiques du sol sur les deux points, d'où M. de Gasparin conclut encore qu'il n'est pas possible de donner des formules approximatives pour déterminer l'intensité de l'évaporation de la terre comme il l'a fait pour une surface aqueuse (Tome 2, pages 107 et suivantes).

(1) *Cours d'Agriculture*, tome II, pages 113 et suivantes.

Nous avons vu, précédemment, que pour les terrains argileux du Lias de l'Auxois :

L'évaporation de la terre (en y comprenant l'absorption attribuée à la végétation) correspondait aux 0,425 de la pluie et aux 0,535 de l'évaporation de l'eau.

Ces conséquences diffèrent de celles de M. de Gasparin, et il n'en peut être autrement. S'il faut ajouter aux expériences de MM. Maurice et de Gasparin toute la confiance qu'elles méritent, l'on ne perdra pas de vue que ces expériences faites au laboratoire, quel que soit leur degré de précision d'ailleurs, ne peuvent ni ne doivent infirmer des résultats obtenus sur de grandes étendues de terrain dans les conditions pratiques les plus habituelles, mais absolument différentes de celles qui ont concouru aux expériences de ces deux savants.

Cet ordre de phénomènes essentiellement complexes ne peut être étudié avec fruit, qu'en rapprochant toutes les conditions physiques qui exercent une influence sur leur production. Ainsi, la distribution des pluies, la nature du sol, au point de vue géognosique, la variété des cultures, la disposition topographique et orographique, la température, etc., etc., sont des éléments du problème complexe de la détermination de l'intensité d'évaporation de la terre. Ce n'est donc qu'à la condition de faire marcher de front toutes ces études, que l'on approchera le plus près possible de la solution.

Et c'est parce que les évaluations faites jusqu'à présent des quantités d'eau absorbées par le sol sont établies sur des résultats d'observations hydrométriques embrassant de *vastes bassins* qui présentent des conditions de perméabilité, de culture et de pentes très-diverses, que l'on est arrivé à des conclusions contradictoires.

L'auteur du savant ouvrage *sur les Inondations* (1), que nous avons déjà cité, a comparé les quantités d'eau fournies par les pluies à celles qui s'écoulent à la surface ou qui sont absorbées par le sol sur lequel elles tombent (pages 83 et suivantes). Il a

______
(1) M. Vallès.

rapproché les effets observés sur les bassins de la Seine, de la
Garonne, de la Saône, du Rhône et du Pô, qu'il a représentés
dans le tableau suivant :

DÉSIGNATION DES BASSINS. 1	HAUTEURS DES TRANCHES CORRESPONDANTES A		
	la pluie annuelle. 2	l'écoulement par les cours d'eau. 3	l'absorption par les terres. 4
Seine................	0^m 612	0^m 177	0^m 435
Garonne.............	0^m 773	0^m 401	0^m 372
Saône...............	0^m 850	0^m 438	0^m 416
Rhône...............	0^m 922	0^m 580	0^m 342
Pô	1^m 220	0^m 781	0^m 439

La première remarque à faire porte sur le bassin de la Seine :
l'auteur évalue à 0^m 435 la hauteur de la tranche de pluie
annuelle retenue par le sol de ce bassin qui est composé de
terrains de natures fort diverses quant à ses propriétés absor-
bantes et parmi lesquels on rencontre des surfaces très-étendues
de formations *oolithiques et oxfordiennes,* qui, aux époques de
pluies les plus intenses, ne montrent pas *trace d'écoulement
superficiel* (page 80).

Sur ce même bassin général de la Seine, nous trouvons les
versants particuliers de Grosbois et de Sainte-Colombe, qui en
sont des tributaires et dont l'écoulement superficiel est très-
considérable, ainsi que nous l'avons démontré précédemment.
D'où il suit que le chiffre 0^m 435 est la moyenne hauteur de la
tranche de pluie absorbée par le bassin général ; c'est la moyenne
des absorptions les plus faibles ou même des absorptions nulles,
qui sont propres aux *argiles du Lias* ou aux roches *primitives*
et des absorptions les plus fortes qui sont particulières aux formations *oolithiques* et *oxfordiennes.*

Sans doute, ces résultats peuvent être acceptés à titre de
résultats moyens généraux ; mais ils ne peuvent rien apprendre
sur l'hydrologie des vallées secondaires, tertiaires, quaternaires,

en nombre infini, dont se compose le bassin général de la Seine.

Ce que nous disons de ce bassin s'applique aux quatre autres mentionnés dans le tableau précédent.

Nous avons dit plus haut qu'il fallait se tenir en garde contre les résultats des expériences de laboratoires, lorsqu'il s'agissait de se décider dans des questions de la nature de celles qui nous occupaient. Nous pouvons justifier immédiatement nos réserves à ce sujet. L'auteur rapporte (pages 40 et suivantes) les résultats d'expériences qui ont été entreprises dans le but de déterminer la capacité ou la propriété filtrante et absorbante des terres. Il cite les expériences de Dalton, de Dickinson, de Charnock.

L'auteur explique les écarts que présentent les chiffres donnés par chacun de ces opérateurs ; mais ces explications, quel que soit le degré de confiance qu'elles méritent, ne changent rien aux résultats définitifs et les chiffres correspondants à l'infiltration de la terre, dans les expériences de Charnock, ne sont pas moins de 50 % inférieurs à ceux de Dickinson.

Nos réserves, quant à la nécessité de procéder à des études hydrologiques par *bassins partiels hydrographiques*, sont donc confirmées de nouveau. Toutefois, nous sommes loin de dédaigner les expériences de laboratoire et nous tenons à bien expliquer notre pensée. Ces expériences sont en général plus faciles, plus promptes que les expériences sur le terrain ; et si les résultats qu'elles procurent sont incomplets, si les inductions que ces résultats autorisent à tirer sont soumises à de graves et nombreuses objections, cela tient précisément à ce qu'il est impossible de reproduire dans un laboratoire toutes les conditions matérielles dont l'influence nécessaire sur les phénomènes extérieurs introduit dans les résultats définitifs des erreurs inévitables.

Sous ces réserves, les expériences de laboratoire seront toujours interrogées avec fruit. Elles permettent de poser des jalons qui tracent la voie des recherches et des vérifications ultérieures et de constituer une science *théorique* en attendant que la *pratique*, suffisamment prolongée, vienne rectifier les lois des phénomènes dont on poursuit la recherche dans l'intérêt de la science.

Et c'est pour montrer que, dans notre pensée, le concours de ces deux méthodes est rigoureusement nécessaire à la création de la véritable science agricole, que nous allons examiner avec un intérêt particulier les questions suivantes qui se rattachent intimement à notre sujet ; la mesure de l'évaporation.

Nous avons dit que l'étude du sol, de ses propriétés ou qualités, considérées dans leur rapport avec l'évaporation qui lui est particulière, devait jouer un rôle important dans l'hydrologie. De belles expériences ont été faites sur ce sujet par Schübler (1).

Nous rappellerons succinctement ici les résultats d'expériences relatives : 1° à l'imbibition, c'est-à-dire à la propriété des terres de retenir une certaine quantité d'eau entre leurs molécules, sans la laisser égoutter, après en avoir été saturée et en s'opposant à une évaporation trop rapide (BECQUEREL, *Eléments de physique terrestre*, page 186). M. de Gasparin donne le nom d'*hygroscopicité* à cette propriété ; 2° à l'aptitude des terres à attirer l'humidité de l'atmosphère, que M Becquerel désigne par *hygroscopicité*, propriété qui dépend de la porosité des terres et des sels déliquescents qu'elles peuvent renfermer ; 3° à leur aptitude à sécher ; 4° à l'échauffement des terres par la chaleur.

Toutes ces propriétés exercent une influence immédiate et directe sur l'évaporation du sol et rentrent naturellement dans notre sujet.

Schübler a classé les diverses terres comme il suit, sous le rapport de l'*imbibition* :

NATURE DES TERRES.	EAU pour 100 parties de terre.	NATURE DES TERRES.	EAU pour 100 parties de terre.
Sable siliceux..........	25	Terre calcaire fine......	85
Gypse................	27	Humus ou terreau......	100
Sable calcaire..........	29	Magnésie.............	456
Glaise maigre..........	40	Terre de jardin.........	89
Glaise grasse..........	50	Terre arable d'Hoffwil..	52
Terre argileuse.........	60	Terre arable du Jura...	48
Argile pure...........	70		

(1) De GASPARIN. — *Cours d'Agriculture*, tome Ier, p. 134 et suivantes.

Nous voyons que le sable siliceux retient la moindre proportion d'eau ; l'argile pure une plus forte ; la glaise maigre une quantité intermédiaire, le terreau et la magnésie occupant le sommet de l'échelle.

Le même savant a dressé le tableau suivant pour le classement *hygroscopique* des terres ou l'aptitude à attirer l'humidité.

NATURE DES TERRES.	ABSORPTION EN			
	12 heures.	24 heures.	48 heures.	72 heures.
Sable siliceux....................	»	»	»	»
Sable calcaire..................	1.»	1.5	1.5	1.5
Gypse.......................	0.5	0.5	0.5	0.5
Glaise maigre.................	10.5	13.»	14.»	14.»
Glaise grasse.................	12.5	15.»	17.»	17.5
Terre argileuse...............	15.»	18.»	20.»	20.5
Argile.......................	18.5	21.»	24.»	24.5
Terre calcaire fine	13.»	15.5	17.5	17.5
Magnésie....................	34.5	38.»	40.»	41.»
Humus ou terreau.............	40.»	48.5	55.5	60.»
Terre de jardin...............	17.5	22.5	25.»	26.»
Terre d'Hoffwil	8.»	11.»	11.5	11.5
Terre du Jura.................	7.»	9.5	10.»	10.»

Nous voyons que la faculté d'absorption diminue à mesure que les terres deviennent plus humides (1) et que les sables possèdent la moindre aptitude ; les argiles une aptitude très-prononcée ; la magnésie et le terreau occupant encore le premier rang.

(1) Cette loi n'est pas particulière aux matières contenues dans le tableau de Schübler. Elle est constatée, pour des mortiers hydrauliques, dans un mémoire: *Sur les Chaux hydrauliques et les Ciments calcaires de l'Auxois*, inséré au *Recueil des Mémoires de l'Académie de Dijon* (1851), par M. Collin.

Schübler a déterminé l'aptitude relative des terres à *sécher*.
Voici les résultats obtenus :

NATURE DES TERRES.	Sur 100 parties d'eau en 4 heures il s'évapore à 18° 75 de température.	NATURE DES TERRES.	Sur 100 parties d'eau en 4 heures il s'évapore à 18° 75 de température.
Sable siliceux..........	88.4	Carbonate de chaux	28.9
Sable calcaire..........	75.9	Humus ou terreau......	20.5
Gypse................	71.7	Magnésie	10.8
Glaise maigre..........	52.»	Terre de jardin	24.8
Terre argileuse.........	34.6	Terre d'Hoffwil	82.»
Argile pure............	31.9	Terre du Jura..........	40.1

Ces chiffres représentent la faculté relative de dessiccation
spontanée ou de l'évaporation de ces terres. Les sables occupent le premier rang ; les terres arables, les argiles et glaises un
rang intermédiaire ; le terreau et la magnésie le dernier degré
de l'échelle.

M. de Gasparin a répété les expériences de Schübler avec un
instrument différent et sur des terres qui n'étaient pas identiques.
Il résulte de ses expériences comparatives que l'ordre de classement établi par Schübler doit être maintenu.

Au cours des années 1840 à 1845, nous nous occupions
d'études particulières sur l'étanchement des infiltrations du canal
de Bourgogne ; nous avons été conduit à entreprendre une série
d'expériences de cette nature. Mais nous ignorions l'existence
des beaux travaux de Schübler et de ceux de M. de Gasparin.
Nous donnons, dans la note O, les détails de ces expériences
qui ont été exécutées suivant une méthode différente, détails
qui confirment les conclusions des deux célèbres agronomes.
Les expériences que nous rapportons ont été faites sur des
argiles du Lias de l'Auxois et des sables calcaires oolithiques,
provenant des roches superposées ; bien qu'elles appartiennent à
l'hydrologie de l'Auxois, elles sont d'accord avec la loi établie

par Schübler et avec les faits rapportés par M. l'Ingénieur Delacroix, dans le mémoire dont il a été question plus haut, pour des terres provenant de localités différentes, ce qui tend à prouver la généralité de cette loi.

L'aptitude des terres à sécher a conduit Schübler à entreprendre d'autres expériences sur le *retrait par la dessiccation*. C'est ainsi qu'il a établi, pour une température de dix-huit degrés, et après plusieurs semaines d'exposition des terres à cette température, l'ordre suivant :

NATURE DES TERRES.	1000 parties perdent de leur volume.	NATURE DES TERRES.	1000 parties perdent de leur volume.
Sable siliceux..........	»	Argile pure............	183
Sable calcaire..........	»	Magnésie..............	154
Gypse.................	»	Humus ou terreau......	200
Carbonate de chaux	50	Terre de jardin	149
Glaise maigre.....	60	Terre d'Hoffwil	120
Glaise grasse..........	89	Terre du Jura.........	95
Terre argileuse..........	114		

Ici, les sables siliceux, calcaires et le gypse ne subissent à peu près aucune influence. Mais les argiles éprouvent un retrait considérable. Le terreau occupe le sommet de l'échelle comme pour l'aptitude à attirer l'humidité et à la retenir.

A ces notions si importantes de l'hydrologie, nous pouvons ajouter les résultats d'observations que nous avons faites sur les argiles du Lias et qui sont consignées dans un ouvrage publié en 1846 (1), auquel nous renvoyons le lecteur qui voudra prendre la peine de les consulter.

L'évaporation des terres est singulièrement développée par l'échauffement qu'elles éprouvent sous l'action du calorique

(1) *Recherches expérimentales sur les glissements spontanés des terrains argileux* ; 1846. — Paris, Carilian Gœury et Dalmont, éditeurs.

solaire. La coloration des terres contribue à leur échauffement et l'échauffement à leur évaporation. Nous ne parlons pas ici de leur accroissement de fertilité, car ce serait nous écarter de l'objet particulier de ce mémoire.

M. de Gasparin a présenté le tableau suivant, qui indique l'influence de la *coloration* sur l'*échauffement* et l'*évaporation* des terres :

NATURE DES TERRES.	SURFACE DES TERRES		DIFFÉRENCES
	blanchie par une légère couche de magnésie.	noircie par une légère couche de noir de fumée	de température.
	TEMPÉRATURES.		
Sable de quartz....................	40° 25	50° 87	7° 62
Sable calcaire....................	43° 25	51° 12	7° 87
Gypse.........................	43° 50	51° 25	7° 75
Glaise maigre....................	42° 12	49° 50	7° 40
Glaise grasse....................	42° 35	49° 75	7° 38
Terre argileuse	41° 88	49° 12	7° 21
Argile	41° 25	48° 87	7° 62
Terre calcaire...................	42° 85	50° 50	7° 65
Magnésie	42° 62	49° 62	7° »
Humus ou terreau...............	42° 50	49° 38	6° 88
Terre de jardin..................	42° 35	50° 25	7° 90
Terre d'Hoffwil.................	42° »	50° »	8° »
Terre du Jura...................	42° 85	50° 50	7° 65

Ces chiffres prouvent que la différence de couleur des terres, blanche ou noire, peut produire une différence presque constante de sept à huit degrés dans leur température relative, tandis que la différence de nature n'en produit qu'une de moins de 2 1/2, d'où M. de Gasparin infère que c'est à la coloration plutôt qu'à la nature des terres qu'il faut attribuer leur *échauffement* sous l'action du calorique solaire. Mais cet échauffement varie selon l'état de sécheresse ou d'humidité des terres : voici les résultats très-curieux que présente le savant auteur du

Cours d'Agriculture pour une température à l'air de vingt-cinq degrés centigrades.

NATURE DES TERRES.	Terre humide.	Echauffement solaire.	Terre sèche.	Echauffement solaire.	Différence.
Sable de quartz gris jaunâtre clair	27° 25	12° 25	44° 75	19° 75	7° 50
Sable calcaire gris blanchâtre...	37° 38	12° 38	44° 50	19° 50	7° 12
Gypse gris blanc clair	36° 25	11° 25	43° 62	18° 62	7° 37
Glaise maigre, jaunâtre.........	36° 75	11° 75	44° 12	19° 12	7° 37
Glaise grasse...................	37° 25	12° 25	44° 50	19° 50	7° 25
Terre argileuse gris jaunâtre....	37° 38	12° 38	44° 62	19° 62	7° 24
Argile gris bleuâtre	37° 50	12° 50	45° »	20° »	7° 50
Terre calcaire blanche..........	35° 63	10° 63	43° »	18° »	7° 37
Magnésie, blanc de neige	35° 13	10° 13	42° 62	17° 62	7° 49
Humus ou terreau gris noir.....	89° 75	14° 75	47° 37	22° 37	7° 62
Terre de jardin gris noir clair...	37° 50	12° 50	45° 25	20° 25	7° 75
Terre d'Hoffwil grise..........	36° 88	11° 88	44° 25	19° 25	7° 37
Terre du Jura grise	36° 50	11° 50	43° 75	18° 75	7° 25

La dernière colonne du tableau qui représente la différence d'échauffement solaire entre les terres humides et les terres sèches, et qui est constamment de sept à huit degrés, correspond à l'abaissement de la température dû à l'évaporation. Elle se maintient jusqu'à ce que les terres soient devenues sèches.

Nous pouvons donc inférer de toutes ces expériences que, si l'évaporation des terres dépend, comme on l'a vu, de la nature des cultures qui les recouvrent, elle doit dépendre essentiellement aussi des propriétés physiques, de l'imbibition, de l'aptitude à attirer l'humidité de l'atmosphère, à sécher, à s'échauffer par le calorique solaire. C'est ce que le résumé des travaux si remarquables de MM. Schübler et de Gasparin a mis dans la plus complète évidence.

L'établissement d'un réseau d'observations générales embrassant tout le territoire de l'Empire, aurait certainement pour résultat de procurer les éléments nécessaires à l'appréciation des influences relatives du sol et de la nature des cultures des divers terrains sur l'évaporation des eaux pluviales, sur leur absorption par la végétation et la perméabilité, et sur l'écoulement de ces eaux dans les thalwegs, que cet écoulement soit superficiel ou souterrain. Tous les amis des sciences naturelles et de l'agriculture doivent exprimer des vœux pour que cette organisation soit adoptée en principe et réalisée au plus tôt. Les conclusions de ce chapitre sont donc, en quelque sorte, la répétition de celles qui terminent le chapitre II. Elles se résument dans l'idée d'une organisation systématique et uniforme pour l'avancement des sciences naturelles d'observation au point de vue de l'hydrologie.

CHAPITRE IV.

RÉSUMÉ DE LA STATISTIQUE ATMIDOMÉTRIQUE. — LA RÈGLE DE HALLEY EST INAPPLICABLE AU TERRITOIRE FRANÇAIS. — NOUVELLE RÈGLE ATMIDOMÉTRIQUE PROPOSÉE POUR LA MESURE DE L'ÉVAPORATION A LA SURFACE DES EAUX. — APPLICATIONS DIVERSES. — CONCLUSIONS.

Les lois de la météorologie ne pourront s'établir qu'à l'aide de résultats d'observations multipliées qui auront été faites avec exactitude, méthode et ensemble, sur un grand nombre de localités.

Il est impossible, dans l'état actuel de nos connaissances, de poser des lois certaines, parce que rien n'est plus difficile que de rassembler un grand nombre de séries d'expériences faites avec exactitude et uniformité sur plusieurs points du territoire, et qui puissent converger vers un but commun.

Des circonstances favorables nous ont permis de réunir un certain nombre de résultats qui intéressent une branche très-importante et bien peu avancée de la météorologie : *la mesure de l'évaporation*. Toutes les observations ont été faites avec une exactitude pratique très-suffisante et avec une certaine méthode. On en trouve la garantie dans la position même des personnes qui les ont dirigées. Malheureusement l'unité absolue fait défaut :

toutefois, l'on peut admettre l'exactitude des résultats moyens qui ont été obtenus sur plusieurs points du territoire de l'Empire (carte S), et en quelque sorte simultanément, sous le contrôle d'hommes habitués à la pratique des choses exactes, et conséquemment capables d'apprécier, par leur instruction et leurs fonctions, l'importance des déductions qui doivent sortir de ces observations pour l'avancement de cette branche de la météorologie à laquelle un savant physicien, de Saussure, a donné le nom d'*atmidométrie*.

A la fin du XVIIe siècle, Sédilleau, membre de l'Académie des Sciences, entreprit à Paris une série d'expériences sur la mesure de l'évaporation qui s'exerce à la surface des eaux tranquilles.

Dans le cours du XVIIIe siècle, nous voyons plusieurs savants physiciens s'occuper de cette question : Musschenbrœch, Walérius, Lambert, Cotte, Vanswinden, entreprennent presque simultanément, en Prusse, en Suède, en France, en Hollande, des observations multipliées. Calandrelli et Conti à Rome, Saussure en France, Halley en Angleterre, joignent leurs efforts pour essayer de découvrir une loi qui permette de calculer la quantité moyenne, diurne ou annuelle de l'évaporation à la surface des eaux.

Enfin, dans la première moitié du XIXe siècle, les mêmes recherches se poursuivent sur un grand nombre de points, simultanément, dans le but de découvrir cette même loi qui avait échappé aux physiciens et aux météorologistes des temps passés.

Mais le défaut d'uniformité dans la pratique matérielle des opérations devait conduire les observateurs modernes aux mêmes contradictions et aux mêmes erreurs que leurs devanciers.

Un savant anglais, Halley, a établi la règle qui porte son nom. L'on s'en est longtemps servi et l'on continue de s'en servir encore. Elle consiste à évaluer la tranche d'eau moyenne annuelle évaporée aux $\frac{5}{3}$ de la tranche d'eau moyenne de pluie tombée sur le lieu que l'on considère.

Des Ingénieurs hydrauliciens ont enchéri sur cette formule, et nous avons vu la hauteur de la tranche de l'évaporation moyenne annuelle, mesurée à la surface des eaux, s'élever à des taux de plus en plus exagérés.

C'est pour essayer de pénétrer dans le fond de la question, d'en analyser les éléments, et de rectifier des évaluations qui nous avaient paru absolument inadmissibles, que nous avions commencé, vers l'année 1850, ce travail sur l'évaporation que nous avons continué jusqu'à ces derniers temps.

Nous avons été attaché, en qualité d'Ingénieur des Ponts-et-Chaussées, pendant dix-neuf ans, au service du canal de Bourgogne. Nous nous sommes trouvé en position d'y faire nous-même ou d'y contrôler les observations atmidométriques qui furent commencées vers l'année 1830 et qui se poursuivent, sans doute, encore aujourd'hui. Ces séries sont renfermées dans les tableaux A, B, C, D, E, pour les cinq stations de Saint-Jean-de-Losne, Dijon, Pouilly, Montbard, Laroche, situés dans les départements de la Côte-d'Or et de l'Yonne.

Les Ingénieurs du canal de la Marne au Rhin ont entrepris et continuent sans doute, des observations atmidométriques à Bar-le-Duc, Chanteraines, Gondrexanges, dans les départements de la Meuse et de la Moselle ; leurs résultats sont contenus dans les tableaux H et H_1 réunis.

Les Ingénieurs de la navigation de la Garonne et du contrôle du canal latéral à cette rivière ont établi des instruments pour faire des observations atmidométriques à Montrejeau, Agen, Langon et Cadillac, dans les départements de la Haute-Garonne, de Lot-et-Garonne et de la Gironde : le tableau H_2 renferme ces séries.

Enfin, nous avons pu recueillir les séries atmidométriques dressées par les Ingénieurs du canal du Nivernais et de la rivière d'Yonne à Decize, Baye, Pannetière, Clamecy, Auxerre, Joigny et Sens, dans les départements de la Nièvre et de l'Yonne. Le tableau H_3 renferme les résultats de ces observations.

C'est au canal de Bourgogne, avons-nous dit, que furent entreprises, avec méthode et ensemble, les premières observations importantes sur l'atmidométrie. Tout ce qui a été fait, postérieurement, dans les services de navigation, par les Ingénieurs du Gouvernement, n'est qu'une imitation plus ou moins rigoureuse des dispositions conçues d'abord par l'Ingénieur en chef de ce canal et organisées par ses collaborateurs pour la solution de la question qui nous occupe.

Nous nous sommes proposé, avons-nous dit, de rechercher le degré de confiance que la loi de Halley peut mériter, et de contrôler les évaluations de la mesure de l'évaporation usitées jusqu'à nos jours par des hydrauliciens qui les ont tirées directement ou indirectement de cette même loi, en les exagérant encore par des raisonnements fondés sur des erreurs de fait ou sur des interprétations absolument inadmissibles des séries atmidométriques.

Halley, disons-nous, établit que la mesure de l'évaporation E est donnée par la formule $E = \frac{5}{3} P = 1,67\ P$; P étant la tranche de pluie correspondante au lieu que l'on considère.

En adoptant pour la station de Paris $P = 0^m 60$ (chiffre supérieur à la réalité), la mesure de l'évaporation moyenne annuelle serait .... $E = 1^m$ »

Sganzin donne, dans son *Cours de Construction*, une moyenne de................................ $E = 1^m\ 40$.

Les Ingénieurs du canal de la Sambre à l'Oise, dans un rayon territorial assez rapproché de Paris, avaient admis............................... $E = 1^m\ 46$

Un savant membre de l'Institut, M. Babinet, adoptant pour Paris la tranche de pluie tombée, égale à $0^m 50$, estime la valeur de la tranche d'eau évaporée de nos jours, à .... $E = 1^m\ 00$

La loi de Halley ne donnerait que............ $E = 0^m\ 83$

Toutes ces évaluations sont donc, pour Paris, des exagérations de l'application de cette loi.

Les Ingénieurs du canal de Nantes à Brest ont évalué la quantité de l'évaporation moyenne annuelle à.................................. $E = 1^m\ 46$

La moyenne épaisseur de la tranche d'eau tom-

béc à Nantes, étant de 0^m 658, la loi de Halley ne
donne pour la mesure de l'évaporation que........ $E = 1^m$ 10

M. Vallès, Ingénieur en chef des Ponts-et-Chaussées, a estimé à 1^m 352 la tranche de pluie tombée
à Nantes. La loi de Halley donnerait pour mesure
de l'évaporation .... $E = 2^m$ 26

L'observation directe de l'évaporation, à Nantes,
qui porte la valeur de la tranche moyenne à...... $E = 1^m$ 814
a été déclarée inexacte par son auteur, M. Huet (chapitre I).

Nous avons dit que la tranche de pluie n'était que de 0^m 658.
Il n'y a donc pas lieu de s'arrêter à ces évaluations erronées qui
exagèrent les conséquences de la loi de Halley, déjà inadmissibles
intrinsèquement.

Enfin, nous avons vu, dans ces dernières années (1), des
hydrauliciens reprendre la thèse de l'insuffisance de la loi de
Halley, et soutenir que la valeur de la tranche de l'évaporation
moyenne annuelle à Paris est de 1^m 40 ; que l'évaporation
diurne moyenne a pour mesure, dans nos contrées, quatre millimètres (soit 1^m 46 par an) ; qu'enfin la contrée dans laquelle la
tranche d'évaporation moyenne annuelle a pour mesure la moitié
de ce chiffre (soit 0^m 725 environ) est une contrée *exceptionnelle*.
(La Bourgogne—Dijon.)

Ces auteurs proclament donc implicitement l'insuffisance de la
règle de Halley, qui donne, comme nous l'avons vu, et comme
nous allons le démontrer avec la dernière évidence, des résultats
très-exagérés et conséquemment inadmissibles.

Les séries des cinq stations du canal de Bourgogne présentent
(tableau P) pour la mesure de la pluie : $P = 0^m$ 7036 ; la
loi de Halley donnerait pour la tranche d'eau évaporée
$E = 1,67$ P .... 1^m 1750

La mesure directe n'a donné que.......... 0^m 6066

(1) *Annales des Ponts-et-Chaussées*, 1850, 1851, 1852, 1853, 1860.
Études sur les Inondations, 1857, M. VALLÈS.
Études sur les Eaux au point de vue des Inondations, 1858, M. MONES-
TIER SAVIGNAT.

Les séries des trois stations du canal de la Marne au Rhin présentent pour la mesure de la pluie, compris la station de Gondrexanges $P = 0^m 7486$, et non compris cette station $P = 0^m 7445$; la loi de Halley donnerait pour la tranche d'eau moyenne évaporée :

Dans le premier cas $E = 1,67\ P$.......... $1^m\ 250$

Et dans le second $E = 1,67\ P$............ $1^m\ 243$

La mesure directe n'a donné dans le premier cas que.................................... $0^m\ 5228$

Et dans le second que.................... $0^m\ 5797$

Les séries d'observations recueillies aux quatre stations du service de la Garonne et du canal latéral présentent pour la mesure de la pluie, compris la station de Montrejeau $P = 0^m 7102$.
et non compris cette station $P = 0^m 6656$.
La loi de Halley donnerait pour la tranche d'eau moyenne évaporée :

Dans le premier cas $E = 1,67\ P$.......... $1^m\ 186$

Et dans le second $E = 1,67\ P$............ $1^m\ 111$

La mesure directe n'a donné, dans le premier cas, que.................................... $0^m\ 8734$

Et dans le second, que.................... $0^m\ 7543$

Enfin, les séries des sept stations du canal du Nivernais présentent, pour la mesure de la pluie, $P = 0^m 7152$; la loi de Halley donnerait pour la tranche d'eau moyenne évaporée, $E = 1,67\ P$.... $1^m\ 194$

La mesure directe n'a donné que.......... $0^m\ 6365$

La loi de Halley est donc infirmée par les faits d'observations recueillis sur dix-neuf stations placées à des altitudes variant de 8 mètres à 472 mètres au-dessus de la mer, et situées entre les 43° et 50° degrés de latitude nord de l'Empire. *A fortiori*, les inductions exagérées que l'on s'est efforcé de tirer de cette loi, sont-elles infirmées absolument, quant à présent.

Les hydrauliciens qui ont admis, dans ces derniers temps, la loi de Halley, et ceux qui en ont propagé l'insuffisance estiment qu'en moyenne, la hauteur de la tranche annuelle de l'eau évaporée sur la surface d'un bassin, en France, est égale à $1^m 40$, et que la hauteur de la tranche moyenne diurne est égale à $0^m 004$. Leur opinion est en complet désaccord avec celle des anciens météorologistes, en effet :

Sédilleau évaluait la tranche moyenne annuelle de l'évaporation à Paris, à .... $0^m 879$

Le P. Cotte trouvait à Montmorency, près Paris, pour le résultat moyen de quarante années d'observations.. $0^m 654$

Enfin, dans le tableau annexé à l'ouvrage de M. de Gasparin, qui comprend quinze stations du territoire français (déduction faite de celle de Bordeaux, qui a donné des résultats reconnus inexacts) nous ne voyons, parmi ces quinze stations, que trois localités : *Orange, Arles, Marseille*, qui présentent des chiffres supérieurs à $1^m 40$. En admettant la parfaite exactitude des séries de ces trois stations exceptionnelles dont les appareils d'observation nous sont inconnus, il demeure acquis néanmoins que douze stations sur quinze ont donné des résultats inférieurs à $1^m 40$.

D'où il suit, qu'en ajoutant aux séries des dix-neuf stations du tableau P, les deux séries de Paris et de Montmorency que l'on doit à Sédilleau et au P. Cotte, et les douze séries données par M. de Gasparin, nous formons un total de trente-trois stations du continent français, dont les observations ont donné des résultats moyens inférieurs à $1^m 40$.

L'exception prétendue se trouve donc être la règle, et la règle l'exception.

Voilà le grand fait qui domine la question.

Quelles en peuvent être les conséquences pratiques ?

La règle de Halley paraît inapplicable au continent français : quelque danger qu'il y ait, avons-nous dit, à généraliser des faits de cette nature et à établir des lois d'ensemble au moyen de faits locaux, on peut cependant, tout en procédant avec mesure et sous toutes réserves, substituer à celle de Halley une autre règle que nous déduirons des séries des dix-neuf stations du tableau P et applicable à chacune d'elles et par extension au territoire français.

L'examen comparatif des tableaux P et Q ne permet d'établir, quant à présent, aucune corrélation, apparente au moins, entre les tranches moyennes annuelles d'eau évaporée, celles de pluie tombée, et les altitudes orographiques, soit que cette corrélation n'existe pas, soit qu'elle ait échappé aux instruments et aux observateurs, soit que les séries n'aient été ni assez nombreuses, ni assez variées, ni assez prolongées : nous devons donc nous borner à cette remarque, sauf à demander à des expériences ultérieures la solution complète de cet important problème.

Deux faits semblent ressortir cependant de la comparaison des séries :

C'est, premièrement, la tendance marquée à l'accroissement de l'action évaporatoire mesurée sur les atmidomètres des trois stations de la région sud-ouest de Montrejeau, d'Agen, de Cadillac, tendance bien caractérisée (tableaux P, Q), même en faisant abstraction des résultats des séries de la station de Mont-trejeau ; mais en quelque sorte infirmée par les séries de Langon qui accusent pour cette station une puissance évaporante aussi faible que celle des stations du centre et du nord-est de l'Empire.

C'est, secondement, la tendance à la diminution de l'action évaporatoire dans les séries du nord-est, même en faisant abstraction des résultats exceptionnels des séries de la station de Gondrexanges.

Ces variations dépendent-elles, ensemble ou séparément, des latitudes ou des longitudes des stations ? C'est ce qu'il est impossible de découvrir. Nous croyons qu'il serait prématuré de se prononcer, quant à présent, sur ce point réservé (chapitre 1er.)

Dans le tableau Q nous avons divisé les stations en trois groupes correspondants à trois régions principales : région du centre, région du sud-ouest, région du nord-est. L'examen de la carte justifie *à priori*, et sans autre explication, cette division géographique.

La loi atmidométrique moyenne annuelle de la région du Centre serait établie à l'aide des deux chiffres renfermés dans les colonnes 10 et 11 du tableau Q qui donnent, pour $P^c = 0^m 7104$ (1).

$$E^c = 0^m 6241 = 0,8785. \ P^c.$$

La loi de la région du sud-ouest serait représentée, pour $P^{s-o} = 0^m 7102$, par :

$$E^{s-o} = 0^m 8734 = 1,2296. \ P^{s-o}.$$

compris la station exceptionnelle de Montréjeau, et, pour $P^{s-o} = 0^m 6656$, par :

$$E^{s-o} = 0^m 7543 = 1,1332. \ P^{s-o}.$$

non compris la station de Montréjeau.

Enfin, la loi de la région du nord-est serait représentée, pour $P^{n-e} = 0^m 7486$, par :

$$E^{n-e} = 0^m 5228 = 0,6982. \ P^{n-e},$$

compris la station exceptionnelle de Gondrexanges, et, pour $P^{n-e} = 0^m 7445$, par :

$$E^{n-e} = 0^m 5797 = 0,7786. \ P^{n-e}.$$

non compris la station de Gondrexanges.

Nous trouvons ainsi pour la loi moyenne annuelle de la région du centre :

$$E^c = 0,8785. \ P^c.$$

pour celle de la région du sud-ouest,

$$E^{s-o} = 1,2296. \ P^{s-o}.$$

et celle de la région du nord-est,

$$E^{n-e} = 0,6982. \ P^{n-e}.$$

La loi moyenne annuelle de la France, compris les stations extrêmes de Montréjeau et de Gondrexanges (tableaux P. Q.), sera exprimée par :

$$E^F = 0^m 6598 = 0^m 7194 \times 0,9171.$$

et, non compris ces deux stations, par :

$$E^F = 0^m 6642 = 0^m 7072 \times 0,9391.$$

Ces deux expressions de E^F diffèrent si peu qu'il est permis de prendre l'une pour l'autre :

(1) Nous représenterons par la lettre ^{c} placée en exposant, la région du Centre; par les lettres $^{s-o}$, la région du Sud-Ouest; par les lettres $^{n-e}$, la région du Nord-Est; enfin, par la lettre ^{F}, la France.

D'où nous concluons, en dernière analyse, que la quantité moyenne annuelle de pluie tombée sur les trois régions géographiques étant exprimée (tableau P) par............. $0^m 7194$
la quantité moyenne de l'eau évaporée est égale à.... $0^m 6598$
ce qui permet de substituer à la règle de Halley que nous avons démontrée inexacte, pour les trois régions qui nous occupent, la loi atmidométrique suivante :

$$E = 0,92. P.$$

Ce sera la règle ou loi moyenne annuelle applicable au territoire français, jusqu'à rectification ultérieure, s'il y a lieu.

Nous avons représenté sur le tableau R (ainsi que nous l'avons fait sur le tableau G, pour chacune des cinq stations du canal de Bourgogne), les courbes moyennes annuelles des pluies et neiges et de l'évaporation pour les trois régions du centre, du sud-ouest, du nord-est (carte S). La comparaison de ces courbes, deux à deux, par région, montre la corrélation qui existe entre elles.

Dans la région du Centre, l'ordonnée des pluies présente un double maximum dans les mois de mai et d'octobre.

L'ordonnée de l'évaporation est maxima pour le mois de juillet.

Dans la région du sud-ouest, la courbe des pluies offre deux maximum, l'un au mois de mai, l'autre au mois de septembre.

La courbe de l'évaporation présente son ordonnée maxima au mois de juillet.

Dans la région du nord-est, la pluie atteint son double maximum mensuel aux mois de mai et de novembre.

La courbe de l'évaporation, aux mois de juillet et d'août.

Le rapprochement des courbes couplées, propres à chacune des trois régions, met en évidence la remarque faite plus haut, celle de la tendance à l'accroissement de l'action évaporatoire moyenne annuelle dans la région du sud-ouest et de la diminution de cette action dans la région du nord-est, relativement au même phénomène observé dans la région du centre qui est bien, au point de vue de l'évaporation, ce qu'elle est, au point de vue géographique, la région centrale moyenne.

Nous ferons remarquer, enfin, que, si les différences de l'action évaporatoire sont très-sensibles sur les trois groupes régionaux, quant aux ordonnées maxima, ces différences disparaissent pour les ordonnées minima qui sont à peu près égales dans les mois de décembre et janvier.

Ni la règle de Halley, ni la règle que nous lui substituons ne permet de représenter, par un tracé graphique, la courbe atmidométrique, puisque les deux formules ne renferment qu'un coëfficient moyen *annuel*, et non moyen *mensuel*. Il n'est donc pas possible de calculer, par une formule, les ordonnées mensuelles de l'évaporation. La série des ordonnées moyennes mensuelles observées en chaque station (tableau G), ou en chaque région (tableau R), c'est-à-dire la courbe de l'évaporation déduite de l'expérience directe est seule susceptible d'être représentée graphiquement.

Ainsi que l'ont parfaitement remarqué les anciens météorologistes, la matière dont sont faits les instruments, leur grandeur, leur forme, leur exposition et la profondeur d'eau doivent créer des nuances plus ou moins sensibles, pour un même lieu, entre les résultatsd'observations variées et nombreuses.

Cette remarque confirmée par un savant moderne, M. de Gasparin, a été positivement justifiée par les expériences de Dijon (tableaux K, M).

Pour ramener les écarts des observations directes dans des limites restreintes et permettre d'établir des lois pratiques dont on puisse accepter l'exactitude, nous voyons en résumé, ainsi que nous l'avons exposé plus haut, que l'uniformité est un élément de premier ordre : quelque dignes de confiance que soient les séries des 19 stations auxquelles nous nous sommes attaché, nous ne devons pas moins reconnaître que la diversité de matière, de forme, de dimensions, de disposition de ces instruments a dû altérer, plus ou moins, l'exactitude comparative des résultats moyens auxquels nous a conduit l'analyse des séries statistiques de ces stations ; cela est incontestable.

Quoi qu'il en soit, si nous remarquons que les bassins atmidométriques du canal de Bourgogne et ceux du canal de la Marne au Rhin, ont entre eux la plus grande analogie, et que les résultats comparés des séries statistiques des stations placées sur ces canaux se rapprochent beaucoup de ceux des séries des autres stations dans lesquelles on a opéré sur des instruments un peu différents, mais offrant, néanmoins, des capacités assez grandes, nous sommes autorisé à inférer que la marche de l'*évaporation moyenne annuelle* est, de nos jours, représentée dans les localités dénommées, et par extension sur le reste du territoire français, d'une manière beaucoup plus exacte et plus satisfaisante par la formule proposée :

$$E = 0{,}92\,P.$$

qu'elle ne l'a été par la loi de Halley,

$$E = 1{,}67\,P.$$

et surtout par l'extension empirique et arbitraire de cette loi qui est condamnée par les séries que nous avons discutées dans ce Mémoire.

Les conséquences qui précèdent trouvent leur application immédiate et en quelque sorte journalière, dans une foule de circonstances de la vie industrielle et économique : nous ne citerons que les plus importantes et les plus usuelles. Ainsi :

Dans l'exploitation des canaux navigables, surtout de ceux qui sont alimentés péniblement, soit parce que les eaux sont rares, soit parce qu'elles sont éloignées et que leur introduction dans les biefs où elles sont nécessaires offre des difficultés, la connaissance des lois de l'évaporation à la surface des bassins est un élément des plus précieux. Il n'est pas indifférent de savoir si la tranche d'eau moyenne annuelle évaporée sera, par exemple, de $0^m 70$ ou de $1^m 40$. Une erreur du simple au double a des conséquences dont on apprécie, *à priori*, et sans être Ingénieur, l'importance pratique.

Dans les usages de la vie rurale, l'évaporation joue un rôle des plus considérables ; pour l'irrigation des terres ; pour l'arrosage des jardins ; pour l'établissement et l'alimentation des puits et des citernes, des réservoirs d'eau, des étangs, etc., etc.

Dans le troisième chapitre du Mémoire, nous nous sommes proposé de rechercher la relation qui unit l'évaporation aux quantités d'eau pluviale tombant annuellement sur les terres, et aux quantités qui s'écoulent à leur surface ou qui s'infiltrent dans le sol, c'est-à-dire à l'écoulement *superficiel et souterrain*. Il s'agit d'un problème qui intéresse l'agriculture au point de vue de l'influence des eaux pluviales sur l'économie végétale, et aussi des inondations qui ravagent les vallées dans lesquelles ces eaux se déversent périodiquement, en quantités imprévues et surabondantes.

Au moment où la pluie tombe, la quantité d'eau se divise en plusieurs parties : la première s'écoule à la surface du sol quand le terrain est complètement ou incomplètement imperméable ; la seconde le pénètre ; la troisième est retenue par la terre ; la quatrième s'évapore ; la cinquième est absorbée par la végétation. Nous faisons abstraction de la partie nécessaire à la vie des animaux ou aux usages industriels, parce qu'elle est relativement très-faible.

Lorsque le terrain est complètement perméable, la quantité d'eau pluviale se divise autrement. On ne voit pas d'écoulement superficiel, si ce n'est exceptionnellement.

La partie du volume d'eau pluviale qui s'écoule à la surface, celle qui pénètre le sol, et celle qui s'échappe par des voies souterraines, dépendent d'une foule de dispositions locales et de circonstances physico-chimiques. La nature minéralogique des terrains, la nature et le nombre des végétaux qui le couvrent, la pente et la forme extérieure du sol, sont, toutes choses égales d'ailleurs, des éléments essentiels qui influent sur l'écoulement superficiel d'une manière considérable.

La quantité d'eau pluviale enlevée par l'évaporation varie, toutes choses égales, avec la nature du sol et les cultures.

La quantité d'eau absorbée par la végétation dépend de la nature minéralogique du sol, du mode de culture, de la nature et de l'abondance des végétaux.

La science agricole, rationnelle et pratique a donc autant d'intérêt à connaître les lois d'écoulement *superficiel et souterrain* des eaux pluviales que celles de l'*évaporation*, puisque l'eau est l'élément vivificateur, par excellence, de l'agriculture.

Nous avons donc été conduit à rechercher, en suivant le même ordre d'idées qui nous a fait entreprendre nos études hydrologiques sur l'atmidométrie, les lois de l'écoulement superficiel des eaux pluviales, afin de connaître ce qu'il en reste pour les besoins de l'agriculture. Ces recherches ont un autre intérêt qui préoccupe, avec juste raison, les administrateurs, les économistes, les agriculteurs, toutes les populations et le gouvernement lui-même ; nous voulons parler des inondations périodiques qui ravagent les vallées.

Malheureusement, nos statistiques sont bien pauvres, et à peine pourrait-on compter quelques observations éparses dont nous avons cité les résultats généraux dans le chapitre III du Mémoire.

Nous avons entrepris nous-même des recherches de cette nature sur deux localités du département de la Côte-d'Or, voisines des stations atmidométriques de Pouilly et de Montbard ; ce sont les localités de Grosbois et de Sainte-Colombe.

Nous avons donné, dans le chapitre III, le résumé des observations faites pour calculer les quantités d'eau qui s'écoulent superficiellement, et pour évaluer le COEFFICIENT D'ÉCOULEMENT, expression adoptée et créée peut-être par Sédilleau, et que les Ingénieurs modernes ont conservée parce qu'elle est précise.

Les observations établissent que sur les terrains désignés géologiquement par le nom de Lias de l'Auxois (terrain secondaire), disposés comme ils le sont dans les deux vallées étudiées dans le Mémoire, le coëfficient moyen d'écoulement est égal à 0,58 ; ce qui veut dire que dans ces localités le volume de l'eau pluviale (compris les neiges) qui tombe annuellement ne s'écoule pas tout entier dans le thalweg, et que la partie qui suit cette direction est les 58 centièmes du volume total qui est tombé dans l'année. La tranche moyenne annuelle de pluie étant de $0^m 73$, la tranche d'eau pluviale annuelle qui alimente le thalweg de la vallée a une épaisseur égale à $0,58 \times 0^m 73 = 0^m 42$.

Nous attribuons à nos expériences personnelles un degré d'exactitude assez grand pour nous permettre de regarder le chiffre 0,58 comme étant très-rapproché du coëfficient moyen d'écoulement superficiel sur les terrains du Lias, eu égard à la régularité qui a présidé à ces expériences et à leur durée.

Que reste-t-il de la pluie tombée sur ces terrains, lorsque l'écoulement superficiel a enlevé la partie que le sol et la végétation n'ont pas absorbée ? Il reste le contingent qui doit revenir à l'évaporation et à la végétation. Ce contingent est égal à la quantité totale d'eau tombée, diminuée de l'écoulement superficiel, soit $0^m 73 - 0^m 42 = 0^m 31$.

D'où nous concluons que la pluie se partage en deux parties :

Une tranche d'une épaisseur de $0^m 42$ répandue sur le bassin naturel, s'écoule dans les thalwegs ;

Une tranche d'une épaisseur de $0^m 31$ devient le contingent propre de l'évaporation et de la végétation, compris la quantité que la terre retient par adhérence ou absorption.

Il reste à faire la part distincte de chacune de ces deux actions, l'évaporation et la végétation ; mais nos études hydrologiques n'ont pas eu pour objet de résoudre cette question. Nous avons fait un pas en avant ; d'autres continueront ; c'est l'œuvre du temps.

Les résultats que nous venons d'analyser sont tirés d'observations faites sur une grande échelle ; il n'est pas surprenant qu'ils soient en désaccord avec les résultats obtenus dans des expériences de laboratoire.

Nous avons rapporté, en terminant le chapitre III, les résultats d'expériences faites par Schübler pour apprécier :

L'imbibition, c'est-à-dire la propriété des terres de retenir une certaine quantité d'eau entre leurs molécules, sans la laisser égoutter après en avoir été saturée et en s'opposant à une évaporation trop rapide ;

L'aptitude des terres à attirer l'humidité de l'atmosphère, faculté qui dépend de la porosité et des sels déliquescents qu'elles peuvent renfermer ;

L'aptitude des terres à sécher ;

L'échauffement des terres par la chaleur.

Toutes ces propriétés exercent une influence directe, immédiate, et plus ou moins active sur l'évaporation du sol. Les expériences de Schübler ont donc une connexité naturelle avec

les nôtres, et concourent au même but ; la recherche des lois atmi-
domélriques dans leurs rapports avec la mesure de l'évaporation
qui s'opère à la surface des bassins, canaux et rivières, et à la
surface des terres, ainsi qu'à la recherche des coëfficients de
l'écoulement superficiel et souterrain au point de vue de l'industrie et du commerce, des transports sur les canaux de navigation
intérieure, de l'agriculture, et d'une foule de services publics et
privés.

En résumé :

Nos recherches statistiques avaient pour but et ont eu pour
résultat principal de prouver que la loi atmidométrique de Halley
n'est point applicable au territoire français ; qu'elle donne des
résultats exagérés. Elles condamnent absolument les tendances
qui se sont fait jour parmi quelques hydrauliciens modernes à
enchérir sur cette loi, tendances dont les conséquences sont
fâcheuses, autant dans l'intérêt de l'économie politique que de
celui des sciences naturelles d'observation et de la météorologie
en particulier.

Elles permettent de substituer à la loi de Halley, une loi nouvelle que les observations ultérieures confirmeront peut-être, ou
permettront de modifier, s'il y a lieu.

Enfin, elles ont aussi pour but de déterminer le coëfficient
d'écoulement des eaux pluviales sur les terrains du *Lias* et de
faire une première application exacte de la loi de l'évaporation à
la surface du sol, au point de vue de l'industrie agricole et des
nombreux intérêts qui s'y rattachent.

Nous ne terminerons pas ce résumé sans rappeler au lecteur les
conclusions des chapitres II et III et les vœux que nous y avons
exprimés en faveur d'une large organisation des études hydrologiques de chaque bassin partiel dont la réunion constitue les
bassins hydrographiques des grands fleuves du territoire français. Le succès qui a couronné les premiers efforts doit être un
encouragement à entrer plus avant dans cette voie, l'une des
grandes routes ouvertes au véritable progrès scientifique.

TABLE.

ANNEXES.

<hr>

ERRATA.

Page 13, ligne 1ʳᵉ : — *Obsertions* ; lisez, observations.
Page 15, ligne 35 : — page **6** ; lisez, page 10.
Page 18, dernière ligne : — **1863** ; lisez, 1853.
Page 28, ligne 18 : — **1862** ; lisez, 1842.
Bage 30, dernière ligne du renvoi : — Page **302** ; lisez, page 392.
Page 31, dernière ligne du renvoi : — *Bourgog* ; lisez, Bourgogne.

PLUIES ET NEIGES. — ÉVAPORATION (Pendant 20 ans, 1831 à 1850.)

Saint-Jean-de-Losne sur la Saône (Côte-d'Or). — Altitude 180 mètres.

HAUTEURS TOTALES DES TRANCHES D'EAU PLUVIALE ET D'EAU ÉVAPORÉE ET MOYENNES MENSUELLES.

ANNÉES.	JANVIER.		FÉVRIER.		MARS.		AVRIL.		MAI.		JUIN.		JUILLET.		AOUT.		SEPTEMBRE.		OCTOBRE.		NOVEMBRE.		DÉCEMBRE.	
	eau tombée	eau évaporée	eau tombée	eau évaporée	eau tombée	eau évaporée	eau tombée	eau évaporée	eau tombée	eau évaporée	eau tombée	eau évaporée	eau tombée	eau évaporée	eau tombée	eau évaporée	eau tombée	eau évaporée	eau tombée	eau évaporée	eau tombée	eau évaporée	eau tombée	eau évaporée
De 1831 à 1850 { Totaux	[illegible]	[illegible]	[illegible]	[illegible]	[illegible]	[illegible]	[illegible]	[illegible]	[illegible]	[illegible]	[illegible]	[illegible]	[illegible]	[illegible]	[illegible]	[illegible]	[illegible]	[illegible]	[illegible]	[illegible]	[illegible]	[illegible]	[illegible]	[illegible]
Moyennes mensuelles.	[illegible]	[illegible]	[illegible]	[illegible]	[illegible]	[illegible]	[illegible]	[illegible]	[illegible]	[illegible]	[illegible]	[illegible]	[illegible]	[illegible]	[illegible]	[illegible]	[illegible]	[illegible]	[illegible]	[illegible]	[illegible]	[illegible]	[illegible]	[illegible]

HAUTEURS TOTALES DES TRANCHES D'EAU PLUVIALE ET D'EAU ÉVAPORÉE ET MOYENNES ANNUELLES.

	1831.		1832.		1833.		1834.		1835.		1836.		1837.		1838.		1839.		1840.		1841.		1842.		1843.		1844.		1845.		1846.		1847.		1848.		1849.		1850.		TOTAUX.		MOYENNES annuelles.	
	eau tombée	eau évaporée	eau tombée	eau évaporée	eau tombée	eau évaporée	eau tombée	eau évaporée	eau tombée	eau évaporée	eau tombée	eau évaporée	eau tombée	eau évaporée	eau tombée	eau évaporée	eau tombée	eau évaporée	eau tombée	eau évaporée	eau tombée	eau évaporée	eau tombée	eau évaporée	eau tombée	eau évaporée	eau tombée	eau évaporée	eau tombée	eau évaporée	eau tombée	eau évaporée	eau tombée	eau évaporée	eau tombée	eau évaporée	eau tombée	eau évaporée	eau tombée	eau évaporée	eau tombée	eau évaporée
Totaux	[illegible]	[illegible]	[illegible]	[illegible]	[illegible]	[illegible]	[illegible]	[illegible]	[illegible]	[illegible]	[illegible]	[illegible]	[illegible]	[illegible]	[illegible]	[illegible]	[illegible]	[illegible]	[illegible]	[illegible]	[illegible]	[illegible]	[illegible]	[illegible]	[illegible]	[illegible]	[illegible]	[illegible]	[illegible]	[illegible]	[illegible]	[illegible]	[illegible]	[illegible]	[illegible]	[illegible]	[illegible]	[illegible]	[illegible]	[illegible]	[illegible]	[illegible]

Le mètre est l'unité.

PLUIES ET NEIGES — ÉVAPORATION (Pendant 20 ans ... 1850)

Altitude 140 mètres.

HAUTEURS TOTALES ... D'EAU ÉVAPORÉE ET MOYENNES MENSUELLES.

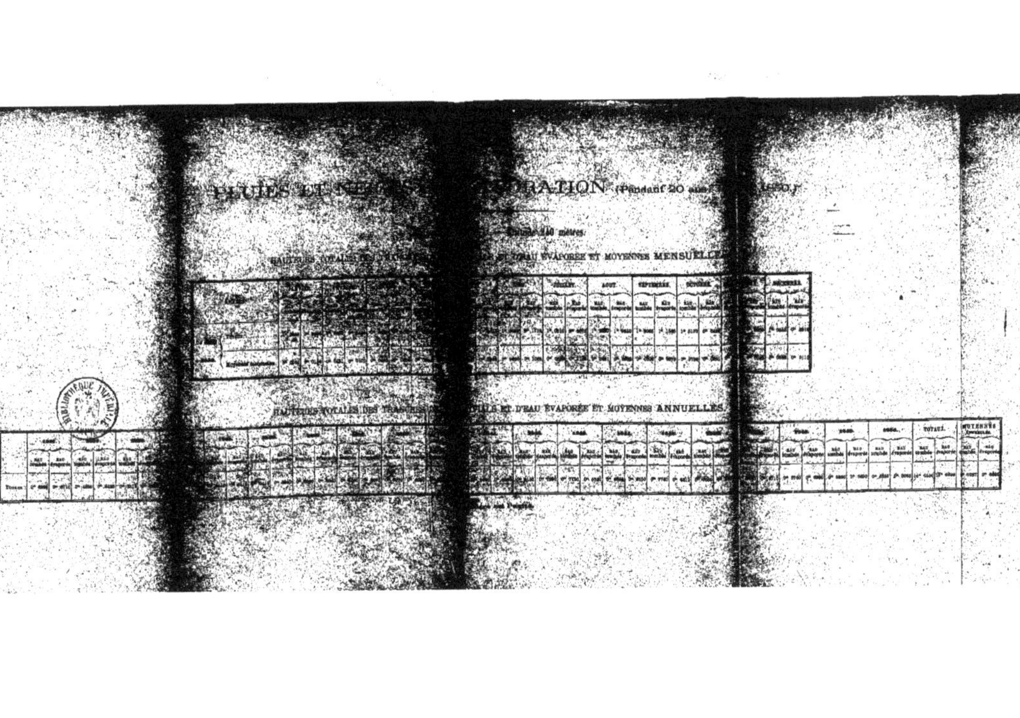

... PLUIE ET D'EAU ÉVAPORÉE ET MOYENNES ANNUELLES.

(C)

PLUIES ET NEIGES. — ÉVAPORATION (Pendant 20 ans, 1831 à 1850.)

Pouilly (point de partage). — (Côte-d'Or). — Altitude 400 mètres.

HAUTEURS TOTALES DES TRANCHES D'EAU PLUVIALE ET D'EAU ÉVAPORÉE ET MOYENNES **MENSUELLES.**

ANNÉES.	JANVIER.		FÉVRIER.		MARS.		AVRIL.		MAI.		JUIN.		JUILLET.		AOÛT.		SEPTEMBRE.		OCTOBRE.		NOVEMBRE.		DÉCEMBRE.	
	EAU tombée	EAU évaporée	EAU tombée	EAU évaporée	EAU tombée	EAU évaporée	EAU tombée	EAU évaporée	EAU tombée	EAU évaporée	EAU tombée	EAU évaporée	EAU tombée	EAU évaporée	EAU tombée	EAU évaporée	EAU tombée	EAU évaporée	EAU tombée	EAU évaporée	EAU tombée	EAU évaporée	EAU tombée	EAU évaporée
De 1831 à 1850 — Totaux	[illegible]	[illegible]	[illegible]	[illegible]	[illegible]	[illegible]	[illegible]	[illegible]	[illegible]	[illegible]	[illegible]	[illegible]	[illegible]	[illegible]	[illegible]	[illegible]	[illegible]	[illegible]	[illegible]	[illegible]	[illegible]	[illegible]	[illegible]	[illegible]
Moyennes mensuelles	[illegible]	[illegible]	[illegible]	[illegible]	[illegible]	[illegible]	[illegible]	[illegible]	[illegible]	[illegible]	[illegible]	[illegible]	[illegible]	[illegible]	[illegible]	[illegible]	[illegible]	[illegible]	[illegible]	[illegible]	[illegible]	[illegible]	[illegible]	[illegible]

HAUTEURS TOTALES DES TRANCHES D'EAU PLUVIALE ET D'EAU ÉVAPORÉE ET MOYENNES **ANNUELLES.**

1831.		1832.		1833.		1834.		1835.		1836.		1837.		1838.		1839.		1840.		1841.		1842.		1843.		1844.		1845.		1846.		1847.		1848.		1849.		1850.		TOTAUX.		MOYENNES ANNUELLES.	
EAU tombée	EAU évaporée	EAU tombée	EAU évaporée	EAU tombée	EAU évaporée	EAU tombée	EAU évaporée	EAU tombée	EAU évaporée	EAU tombée	EAU évaporée	EAU tombée	EAU évaporée	EAU tombée	EAU évaporée	EAU tombée	EAU évaporée	EAU tombée	EAU évaporée	EAU tombée	EAU évaporée	EAU tombée	EAU évaporée	EAU tombée	EAU évaporée	EAU tombée	EAU évaporée	EAU tombée	EAU évaporée	EAU tombée	EAU évaporée	EAU tombée	EAU évaporée	EAU tombée	EAU évaporée	EAU tombée	EAU évaporée	EAU tombée	EAU évaporée	EAU tombée	EAU évaporée
[illegible]	[illegible]	[illegible]	[illegible]	[illegible]	[illegible]	[illegible]	[illegible]	[illegible]	[illegible]	[illegible]	[illegible]	[illegible]	[illegible]	[illegible]	[illegible]	[illegible]	[illegible]	[illegible]	[illegible]	[illegible]	[illegible]	[illegible]	[illegible]	[illegible]	[illegible]	[illegible]	[illegible]	[illegible]	[illegible]	[illegible]	[illegible]	[illegible]	[illegible]	[illegible]	[illegible]	[illegible]	[illegible]	[illegible]	[illegible]	[illegible]	[illegible]

(1) Le chiffre de 0m 00 qui indique l'évaporation moyenne est un peu faible : l'psychromètre est entouré de bâtiments peu élevés, mais qui exercent certainement une influence sur les résultats.

...LUIES ET NEIGES — ...RATION (Pendant 20 ans, 1...)

Altitude 215 mètres.

HAUTEURS TOTALES DES TRANCHES D'EAU ... ET D'EAU ÉVAPORÉE ET MOYENNES MENSUELLES.

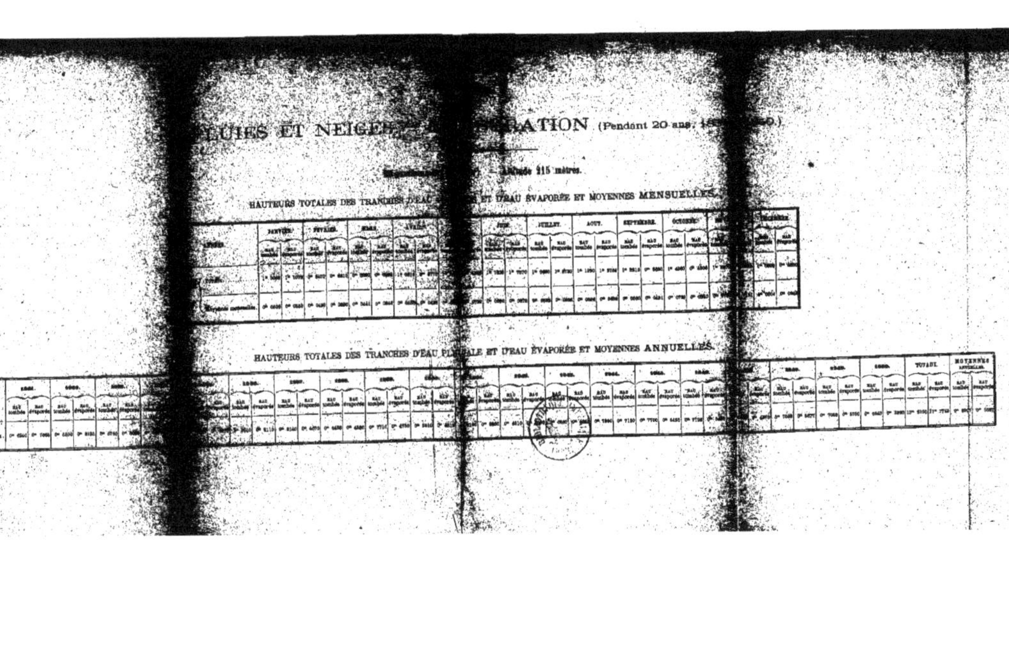

HAUTEURS TOTALES DES TRANCHES D'EAU PLUVIALE ET D'EAU ÉVAPORÉE ET MOYENNES ANNUELLES.

(E)

PLUIES ET NEIGES. — ÉVAPORATION (Pendant 10 ans, 1841 à 1850.)

Laroche-sur-Yonne (Yonne). — Altitude 87 mètres.

HAUTEURS TOTALES DES TRANCHES D'EAU PLUVIALE ET D'EAU ÉVAPORÉE ET MOYENNES **MENSUELLES.**

ANNÉES.	JANVIER.		FÉVRIER.		MARS.		AVRIL.		MAI.		JUIN.	
	EAU tombée	EAU évaporée	EAU tombée	EAU évaporée	EAU tombée	EAU évaporée	EAU tombée	EAU évaporée	EAU tombée	EAU évaporée	EAU tombée	EAU évaporée
De 1841 à 1850 — Totaux	0m 5960	0m 1890	0m 4080	0m 2170	0m 3220	0m 2580	0m 5980	0m 4350	0m 4810	0m 6670	0m 5450	0m 9260
De 1841 à 1850 — Moyennes mensuelles	0m 0596	0m 0180	0m 0408	0m 0217	0m 0322	0m 0258	0m 0593	0m 0253	0m 0431	0m 0667	0m 0545	0m 0926

ANNÉES.	JUILLET.		AOUT.		SEPTEMBRE.		OCTOBRE.		NOVEMBRE.		DÉCEMBRE.	
	EAU tombée	EAU évaporée	EAU tombée	EAU évaporée	EAU tombée	EAU évaporée	EAU tombée	EAU évaporée	EAU tombée	EAU évaporée	EAU tombée	EAU évaporée
De 1841 à 1850 — Totaux	0m 5110	0m 8980	0m 4720	0m 7940	0m 2890	0m 5040	0m 6110	0m 9590	0m 5480	0m 1180	0m 9580	0m 1590
De 1841 à 1850 — Moyennes mensuelles	0m 0511	0m 0898	0m 0472	0m 0794	0m 0389	0m 0004	0m 0611	0m 0959	0m 0549	0m 0118	0m 0958	0m 0159

HAUTEURS TOTALES DES TRANCHES D'EAU PLUVIALE ET D'EAU ÉVAPORÉE ET MOYENNES **ANNUELLES.**

	1841.		1842.		1843.		1844.		1845.		1846.	
	EAU tombée	EAU évaporée	EAU tombée	EAU évaporée	EAU tombée	EAU évaporée	EAU tombée	EAU évaporée	EAU tombée	EAU évaporée	EAU tombée	EAU évaporée
TOTAUX.	0m 4270	0m 3760	0m 3690	0m 5840	0m 5680	0m 5020	0m 7940	0m 5410	0m 8590	0m 5090	0m 6720	0m 6810

	1847.		1848.		1849.		1850.		TOTAUX.		MOYENNES ANNUELLES.	
	EAU tombée	EAU évaporée	EAU tombée	EAU évaporée	EAU tombée	EAU évaporée	EAU tombée	EAU évaporée	EAU tombée	EAU évaporée	EAU tombée	EAU évaporée
TOTAUX.	0m 4810	0m 5250	0m 6520	0m 6580	0m 6390	0m 5790	0m 5710	0m 6050	5m 7080	5m 5070	0m 5702	0m 5507

(F)

PLUIES ET NEIGES. — ÉVAPORATION. — (Côte-d'Or, Yonne.)

Répartition moyenne annuelle des pluies, des neiges et de l'évaporation, entre les quatre saisons.

MOIS ET SAISONS		Saint-Jean-de-Losne sur la Saône		Dijon		Pouilly		Montbard		Laroche sur l'Yonne	
		PLUIES ET NEIGES	ÉVAPORATION	PLUIES ET NEIGES	ÉVAPORATION	PLUIES ET NEIGES	ÉVAPORATION	PLUIES ET NEIGES	ÉVAPORATION	PLUIES ET NEIGES	ÉVAPORATION
Hiver	Janvier	0m 0573	0m 0307	0m 0500	0m 0150	0m 0608	0m 0090	0m 0502	0m 0553 (1)	0m 0320	0m 0180
	Février	0 0456	0 0353	0 0431	0 0170	0 0514	0 0150	0 0423	0 0330	0 0106	0 0217
	Mars	0 0410	0 0393	0 0432	0 0406	0 0188	0 0271	0 0441	0 0316	0 0322	0 0203
	Total	0m 1448	0m 1053	0m 1423	0m 0726	0m 1610	0m 0520	0m 1366	0m 1290	0m 1256	0m 0650
Printemps	Avril	0m 0557	0m 0600	0m 0494	0m 0902	0m 0639	0m 0515	0m 0530	0m 0438	0m 0508	0m 0435
	Mai	0 0584	0 0712	0 0607	0 0036	0 0609	0 0811	0 0543	0 0729	0 0131	0 0667
	Juin	0 0669	0 0908	0 0626	0 1065	0 0701	0 0918	0 0590	0 0878	0 0545	0 0926
	Total	0m 1810	0m 2280	0m 1757	0m 2003	0m 2009	0m 2244	0m 1753	0m 2015	0m 1509	0m 2028
Été	Juillet	0m 0679	0m 1015	0m 0525	0m 1138	0m 0515	0m 1056	0m 0592	0m 0088	0m 0511	0m 0808
	Août	0 0709	0 0807	0 0631	0 0969	0 0683	0 0798	0 0596	0 0036	0 0472	0 0704
	Septembre	0 0639	0 0586	0 0603	0 0579	0 0604	0 0518	0 0660	0 0431	0 0382	0 0601
	Total	0m 2027	0m 2468	0m 1759	0m 2691	0m 1802	0m 2372	0m 1788	0m 2007	0m 1365	0m 2296
Automne	Octobre	0m 0918	0m 0336	0m 0758	0m 0321	0m 0844	0m 0242	0m 0799	0m 0729	0m 0611	0m 0250
	Novembre	0 0989	0 0277	0 0805	0 0192	0 0818	0 0154	0 0753	0 1210	0 0543	0 0110
	Décembre	0 0555	0 0190	0 0522	0 0110	0 0351	0 0152	0 0504	0 0249	0 0358	0 0152
	Total	0m 2489	0m 0772	0m 2085	0m 0623	0m 2246	0m 0548	0m 1980	0m 1692	0m 1512	0m 0524

(1) Le chiffre 0m 0553, dans la colonne de Montbard, est exagéré.

(G)

Courbes des Pluies et Neiges et de l'Évaporation (Côte-d'Or —— Yonne).

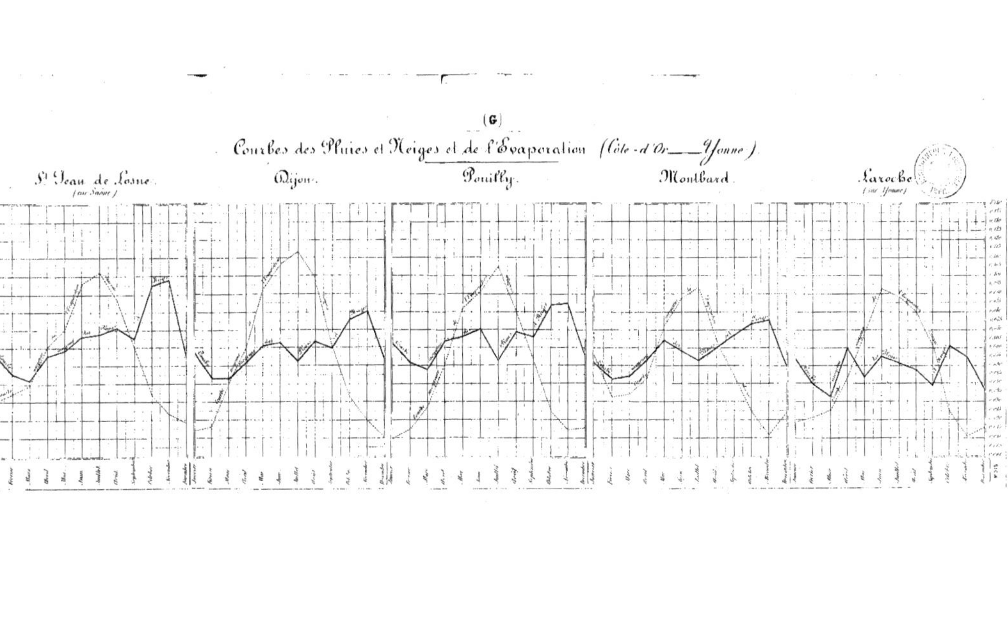

(H-H₁)

PLUIES ET NEIGES. — ÉVAPORATION (Pendant 6 et 4 ans : 1854 et 1856 à 1859.)

Bar-le-Duc. — (Canal de la Marne au Rhin.) — (**Meuse.**) — Altitude : 185 mètres.
Chanteraines près Bar-le-Duc. — (Canal de la Marne au Rhin.) — (**Meuse.**) — Altitude : 182 mètres.
Gondrexanges. — (Canal de la Marne au Rhin.). — (**Meurthe.**) — Altitude : 267 mètres.

HAUTEURS TOTALES DES TRANCHES D'EAU PLUVIALE ET D'EAU ÉVAPORÉE ET MOYENNES MENSUELLES.

STATIONS.	ANNÉES.	TOTAUX et MOYENNES.	JANVIER eau tombée	JANVIER eau évaporée	FÉVRIER eau tombée	FÉVRIER eau évaporée	MARS eau tombée	MARS eau évaporée	AVRIL eau tombée	AVRIL eau évaporée	MAI eau tombée	MAI eau évaporée	JUIN eau tombée	JUIN eau évaporée
Bar-le-Duc	De 1851 à 1859.	Totaux	0m 4190	0m 0050	0m 1498	0m 0172	0m 2105	0m 1951	0m 3580	0m 2577	0m 4707	0m 3172	0m 4857	0m 4743
		Moyennes mensuelles	0 0665	0 0218	0 0949	0 0167	0 0110	0 0330	0 0596	0 0100	0 0781	0 0578	0 0813	0 0740
Chanteraines	De 1856 à 1859.	Totaux	0 2686	0 2129	0 0845	0 0010	0 1441	0 1274	0 3150	0 2344	0 2900	0 2698	0 2391	0 3614
		Moyennes mensuelles	0 0671	0 0476	0 0215	0 0305	0 0481	0 0424	0 0787	0 0586	0 0749	0 0627	0 0598	0 0903
Gondrexanges	De 1856 à 1859.	Totaux	0 230	0 018	0 099	0 015	0 126	0 014	0 227	0 076	0 454	0 177	0 105	0 300
		Moyennes mensuelles	0 057	0 006	0 024	0 005	0 031	0 011	0 082	0 016	0 110	0 044	0 018	0 077

STATIONS.	TOTAUX et MOYENNES.	JUILLET eau tombée	JUILLET eau évaporée	AOUT eau tombée	AOUT eau évaporée	SEPTEMBRE eau tombée	SEPTEMBRE eau évaporée	OCTOBRE eau tombée	OCTOBRE eau évaporée	NOVEMBRE eau tombée	NOVEMBRE eau évaporée	DÉCEMBRE eau tombée	DÉCEMBRE eau évaporée
Bar-le-Duc	Totaux	0m 4040	0m 5644	0m 4935	0m 6369	0m 3651	0m 3207	0m 4870	0m 1802	0m 4815	0m 0721	0m 4794	0m 0751
	Moyennes mensuelles	0 0675	0 0924	0 0706	0 0805	0 0606	0 0541	0 0812	0 0300	0 0660	0 0162	0 0732	0 0141
Chanteraines	Totaux	0 2237	0 3983	0 2321	0 3087	0 2806	0 2061	0 2353	0 1491	0 2999	0 1976	0 2748	0 1627
	Moyennes mensuelles	0 0609	0 0996	0 0580	0 0921	0 0668	0 0616	0 0588	0 0156	0 0732	0 0844	0 0087	0 0206
Gondrexanges	Totaux	0 320	0 270	0 186	0 347	0 267	0 167	0 231	0 109	0 338	0 088	0 258	0 033
	Moyennes mensuelles	0 080	0 069	0 046	0 087	0 066	0 011	0 058	0 027	0 084	0 029	0 065	0 068

HAUTEURS TOTALES DES TRANCHES D'EAU PLUVIALE ET D'EAU ÉVAPORÉE ET MOYENNES ANNUELLES.

TOTAUX.	STATIONS.	1854 eau tombée	1854 eau évaporée	1855 eau tombée	1855 eau évaporée	1856 eau tombée	1856 eau évaporée	1857 eau tombée	1857 eau évaporée	1858 eau tombée	1858 eau évaporée	1859 eau tombée	1859 eau évaporée	TOTAUX eau tombée	TOTAUX eau évaporée	MOYENNES ANNUELLES eau tombée	MOYENNES ANNUELLES eau évaporée
Totaux	Bar-le-Duc	0m 8610	0m 6394	0m 8160	0m 4041	0m 9466	0m 4601	0m 6190	0m 5143	0m 7101	0m 5060	0m 6910	0m 7049	4m 6498	3m 1880	0m 7740	0m 5306
	Chanteraines	»	»	»	»	0 8631	0 1996	0 6910	0 3960	0 7143	0 3994	0 7185	0 8761	2 8600	2 5186	0 7161	0 6380
	Gondrexanges	»	»	»	»	0 920	0 191	0 408	0 380	0 617	0 404	0 820	0 658	3 030	1 639	0 757	0 409

(H₂)

PLUIES ET NEIGES. — ÉVAPORATION (Pendant 6 et 8 ans : 1855 et 1858 à 1863.)

Montrejeau. — (Bassin de la Garonne.) — **(Haute-Garonne.)** — Altitude : 472 mètres.
Agen. — (Canal latéral à la Garonne). — **(Lot-et-Garonne.)** — Altitude : 55 mètres.
Longon. — (Bassin de la Garonne.) — **(Gironde.)** — Altitude : 43 mètres.
Cadillac. — (Bassin de la Garonne.) — **(Gironde.)** — Altitude : 8 mètres.

HAUTEURS TOTALES DES TRANCHES D'EAU PLUVIALE ET D'EAU ÉVAPORÉE ET MOYENNES MENSUELLES.

STATIONS.	ANNÉES.	TOTAUX et MOYENNES.	JANVIER eau tombée	JANVIER eau évaporée	FÉVRIER eau tombée	FÉVRIER eau évaporée	MARS eau tombée	MARS eau évaporée	AVRIL eau tombée	AVRIL eau évaporée	MAI eau tombée	MAI eau évaporée	JUIN eau tombée	JUIN eau évaporée
Montrejeau	De 1858 à 1863.	Totaux	0ᵐ 31085	0ᵐ 40347	0ᵐ 21575	0ᵐ 21085	0ᵐ 43818	0ᵐ 54083	0ᵐ 43385	0ᵐ 71820	0ᵐ 65500	0ᵐ 77900	0ᵐ 56805	0ᵐ 92005
		Moyennes mensuelles	0 05681	0 04493	0 04090	0 04149	0 08969	0 09014	0 07564	0 11970	0 10010	0 12993	0 08377	0 15184
Agen	De 1858 à 1863.	Totaux	0 36818	0 08055	0 90036	0 14956	0 34116	0 98072	0 36737	0 61436	0 54242	0 03485	0 40584	0 74805
		Moyennes mensuelles	0 05974	0 01009	0 03492	0 09376	0 03794	0 04078	0 06196	0 10239	0 09011	0 10079	0 06781	0 19477
Langon	De 1858 à 1863.	Totaux	0 27787	0 03771	0 14703	0 10787	0 31007	0 10832	0 25587	0 31887	0 49335	0 66635	0 37851	0 53901
		Moyennes mensuelles	0 04631	0 00628	0 09450	0 01700	0 05168	0 02808	0 01264	0 05731	0 08298	0 07606	0 06300	0 08584
Cadillac	De 1855 à 1863.	Totaux	0 43290	0 10300	0 27100	0 10980	0 10380	0 38160	0 38905	0 07390	0 67940	0 82080	0 49030	0 98100
		Moyennes mensuelles	0 05411	0 01287	0 03305	0 02110	0 05737	0 01772	0 01807	0 08423	0 08192	0 10290	0 06128	0 12270

STATIONS.	ANNÉES.	TOTAUX et MOYENNES.	JUILLET eau tombée	JUILLET eau évaporée	AOÛT eau tombée	AOÛT eau évaporée	SEPTEMBRE eau tombée	SEPTEMBRE eau évaporée	OCTOBRE eau tombée	OCTOBRE eau évaporée	NOVEMBRE eau tombée	NOVEMBRE eau évaporée	DÉCEMBRE eau tombée	DÉCEMBRE eau évaporée
Montrejeau	De 1858 à 1863.	Totaux	0ᵐ 20205	1ᵐ 13565	0ᵐ 28853	1ᵐ 03178	0ᵐ 47881	0ᵐ 70281	0ᵐ 51755	0ᵐ 47855	0ᵐ 30850	0ᵐ 85730	0ᵐ 69410	0ᵐ 34085
		Moyennes mensuelles	0 03807	0 18097	0 04700	0 17105	0 06503	0 12713	0 05402	0 07976	0 05638	0 01295	0 08751	0 01011
Agen	De 1858 à 1863.	Totaux	0 29413	0 44808	0 31819	0 76585	0 43511	0 41935	0 20801	0 29800	0 31494	0 00745	0 34085	0 06400
		Moyennes mensuelles	0 08740	0 15801	0 06307	0 12704	0 07207	0 06872	0 06477	0 08800	0 05737	0 01624	0 05082	0 01081
Langon	De 1858 à 1863.	Totaux	0 21393	0 01296	0 25161	0 56401	0 44600	0 31384	0 29205	0 18408	0 38197	0 09041	0 25070	0 01260
		Moyennes mensuelles	0 03504	0 10716	0 04193	0 09196	0 07497	0 05823	0 04867	0 03078	0 05104	0 01507	0 05080	0 00700
Cadillac	De 1855 à 1863.	Totaux	0 98120	0 19420	0 41100	0 07910	0 08680	0 65100	0 45570	0 28710	0 50890	0 16740	0 46020	0 11910
		Moyennes mensuelles	[illegible]	0 14037	0 05145	[illegible]	0 07585	0 06183	0 03485	0 01599	0 06761	0 08109	0 06583	0 01493

HAUTEURS TOTALES DES TRANCHES D'EAU PLUVIALE ET D'EAU ÉVAPORÉE ET MOYENNES ANNUELLES.

TOTAUX.	STATIONS.	1855 eau tombée	1855 eau évaporée	1856 eau tombée	1856 eau évaporée	1857 eau tombée	1857 eau évaporée	1858 eau tombée	1858 eau évaporée	1859 eau tombée	1859 eau évaporée	1860 eau tombée	1860 eau évaporée	1861 eau tombée	1861 eau évaporée	1862 eau tombée	1862 eau évaporée	1863 eau tombée	1863 eau évaporée	TOTAUX eau tombée	TOTAUX eau évaporée	MOYENNES ANNUELLES eau tombée	MOYENNES ANNUELLES eau évaporée
	Montrejeau	»	»	»	»	»	»	0ᵐ 83909	1ᵐ 91806	0ᵐ 80878	1ᵐ 40783	0ᵐ 98600	1ᵐ 20700	0ᵐ 57700	1ᵐ 26600	0ᵐ 87430	1ᵐ 16870	0ᵐ 90485	1ᵐ 13275	5ᵐ 06502	7ᵐ 38330	0ᵐ 84427	1ᵐ 23035
Totaux.	Agen	»	»	»	»	»	»	0 67079	0 57361	0 61853	0 82216	0 93723	0 70042	0 6239?	0 87305	0 66505	0 75510	0 61994	0 80249	4 09535	4 39789	0 68930	0 83297
	Langon	»	»	»	»	»	»	0 54030	0 72574	0 81009	0 02370	0 80677	0 60899	0 48909	0 58742	0 61935	0 61360	0 61026	0 51301	3 80831	3 49218	0 63179	0 58908
	Cadillac	0ᵐ 68105	0ᵐ 73400	0ᵐ 70250	0ᵐ 78060	0ᵐ 70520	0ᵐ 89630	0 54220	0 94830	»	»	0 93830	0 77210	0 57000	0 94900	0 58650	0 79630	0 44610	0 84180	5 43805	5 78500	0 67075	0 84812

Nota. — Les observations ayant été interrompues à Cadillac, pendant l'année 1859, on en a fait abstraction.

PLUIES ET NEIGES. — ÉVAPORATION (Pendant 7 ans : 1855 à 1859.)

Decize sur la Loire. — (Canal du Nivernais.) — **(Nièvre.)** — Altitude : 195 mètres.
Baye. — (Canal du Nivernais.) — **(Nièvre.)** — Altitude : 280 mètres.
Pannetière. — (Canal du Nivernais.) — **(Nièvre.)** — Altitude : 275 mètres.
Sons. — (Rivière de l'Yonne.) — **(Yonne.)** — Altitude : 73 mètres.
Clamecy. — (Canal du Nivernais.) — **(Nièvre.)** — Altitude : 147 mètres.
Auxerre. — (Canal du Nivernais.) — **(Yonne.)** — Altitude : 130 mètres.
Joigny. — (Rivière de l'Yonne.) — **(Yonne.)** — Altitude : 82 mètres.

HAUTEURS TOTALES DES TRANCHES D'EAU PLUVIALE ET D'EAU ÉVAPORÉE ET MOYENNES MENSUELLES.

STATIONS.	ANNÉES.	TOTAUX et MOYENNES.	JANVIER. EAU tombée	JANVIER. EAU évaporée	FÉVRIER. EAU tombée	FÉVRIER. EAU évaporée	MARS. EAU tombée	MARS. EAU évaporée	AVRIL. EAU tombée	AVRIL. EAU évaporée	MAI. EAU tombée	MAI. EAU évaporée	JUIN. EAU tombée	JUIN. EAU évaporée
Decize	De 1853 à 1859.	Totaux	0m 39937	0m 03077	0m 40745	0m 08089	0m 28505	0m 18116	0m 47635	0m 31109	0m 70617	0m 30474	0m 49479	0m 47053
		Moyennes mensuelles	0 06656	0 00440	0 05890	0 01234	0 04072	0 02588	0 06804	0 04873	0 10033	0 05210	0 07057	0 00722
Baye	De 1853 à 1859.	Totaux	0 45159	0 03033	0 25093	0 10251	0 40600	0 24593	0 49110	0 41325	0 54543	0 50127	0 43262	0 64431
		Moyennes mensuelles	0 07598	0 00519	0 03581	0 01461	0 05809	0 03513	0 07015	0 05903	0 05220	0 07161	0 06179	0 09204
Pannetière	De 1853 à 1859.	Totaux	0 53860	0 07870	0 27817	0 12919	0 37410	0 30031	0 58107	0 46003	0 89407	0 47778	0 56890	0 55456
		Moyennes mensuelles	0 08976	0 01038	0 01557	0 01849	0 05344	0 04900	0 08300	0 00572	0 12779	0 06825	0 07084	0 09361
Clamecy	De 1853 à 1859.	Totaux	0 49740	0 05307	0 20898	0 12338	0 96632	0 91196	0 43125	0 58180	0 68467	0 50738	0 17654	0 57878
		Moyennes mensuelles	0 06100	0 00884	0 02385	0 02060	0 03804	0 03521	0 06100	0 09966	0 08091	0 08456	0 06507	0 00546
Auxerre	De 1853 à 1859.	Totaux	0 42962	0 02705	0 20395	0 06019	0 21399	0 18003	0 38057	0 31001	0 58657	0 39514	0 66260	0 51463
		Moyennes mensuelles	0 06137	0 00466	0 02913	0 01108	0 03037	0 03000	0 05079	0 05107	0 08170	0 06586	0 08037	0 08577
Joigny	De 1853 à 1859.	Totaux	0 35059	0 01268	0 23092	0 06945	0 20765	0 17083	0 28630	0 37722	0 51018	0 46803	0 59689	0 58993
		Moyennes mensuelles	0 05008	0 00215	0 03381	0 01011	0 04258	0 02397	0 04000	0 05287	0 07258	0 07813	0 07555	0 05882
Sens	De 1855 à 1859.	Totaux	0 18197	0 00883	0 19203	0 06674	0 17994	0 21860	0 23047	0 35143	0 36203	0 39940	0 27128	0 53308
		Moyennes mensuelles	0 03069	0 00291	0 02458	0 01066	0 03585	0 06107	0 01608	0 08780	0 07258	0 00733	0 06120	0 13327

STATIONS.	TOTAUX et MOYENNES.	JUILLET. EAU tombée	JUILLET. EAU évaporée	AOUT. EAU tombée	AOUT. EAU évaporée	SEPTEMBRE. EAU tombée	SEPTEMBRE. EAU évaporée	OCTOBRE. EAU tombée	OCTOBRE. EAU évaporée	NOVEMBRE. EAU tombée	NOVEMBRE. EAU évaporée	DÉCEMBRE. EAU tombée	DÉCEMBRE. EAU évaporée
Decize	Totaux	0m 46873	0m 65155	0m 30863	0m 57151	0m 34519	0m 38262	0m 57080	0m 19105	0m 46930	0m 00205	0m 40088	0m 11065
	Moyennes mensuelles	0 05839	0 08308	0 03266	0 08165	0 04935	0 05609	0 08143	0 02735	0 06705	0 01327	0 05855	0 01680
Baye	Totaux	0 40080	0 78450	0 44087	0 71414	0 49009	0 40305	0 55344	0 91941	0 40540	0 07970	0 37561	0 63050
	Moyennes mensuelles	0 05726	0 11204	0 06296	0 10202	0 06800	0 06043	0 08143	0 03101	0 05700	0 01138	0 03966	0 00561
Pannetière	Totaux	0 45439	0 74608	0 41767	0 70712	0 47672	0 54917	0 75005	0 20281	0 55153	0 15837	0 51911	0 14011
	Moyennes mensuelles	0 06491	0 10007	0 06966	0 10101	0 06939	0 07815	0 10715	0 03320	0 07092	0 02202	0 07415	0 02130
Clamecy	Totaux	0 90790	0 71658	0 48334	0 69104	0 36632	0 35419	0 50733	0 19242	0 43676	0 07087	0 38696	0 07307
	Moyennes mensuelles	0 01358	0 11776	0 06100	0 10351	0 06923	0 00070	0 06101	0 01207	0 06230	0 01301	0 08138	0 01217
Auxerre	Totaux	0 85176	0 61799	0 42549	0 50927	0 37502	0 33792	0 45903	0 17213	0 44875	0 07531	0 28105	0 07088
	Moyennes mensuelles	0 00068	0 10380	0 06078	0 09438	0 05307	0 05632	0 05509	0 09869	0 04962	0 01255	0 04038	0 01331
Joigny	Totaux	0 40724	0 71451	0 46360	0 64368	0 35008	0 30917	0 38067	0 10389	0 27994	0 13181	0 32031	0 08080
	Moyennes mensuelles	0 05617	0.11008	0 06693	0 10727	0 05009	0 00680	0 05566	0 03931	0 03009	0 02197	0 01574	0 01307
Sens	Totaux	0 26048	0 58098	0 93951	0 58840	0 80297	0 32389	0 20008	0 10002	0 21370	0 06204	0 18450	0 02919
	Moyennes mensuelles	0 06389	0 14074	0 04790	0 13461	0 07255	0 08005	0 05818	0 01000	0 04275	0 01551	0 03072	0 00729

HAUTEURS TOTALES DES TRANCHES D'EAU PLUVIALE ET D'EAU ÉVAPORÉE ET MOYENNES ANNUELLES.

TOTAUX.	STATIONS.	1852.		1854.		1855.		1856.		1857.		1858.		1859.		TOTAUX.		MOYENNES ANNUELLES.	
		EAU tombée	EAU évaporée	EAU tombée	EAU évaporée	EAU tombée	EAU évaporée	EAU tombée	EAU évaporée	EAU tombée	EAU évaporée	EAU tombée	EAU évaporée	EAU tombée	EAU évaporée	EAU tombée	EAU évaporée	EAU tombée	EAU évaporée
	Decize.........	0m 77148	0m 33391	0m 76040	0m 43651	0m 93295	0m 43689	0m 93903	0m 43085	0m 63808	0m 55347	0m 58375	0m 69949	0m 58799	0m 57778	5m 34193	3m 43456	0m 76303	0m 49784
	Bath..........	0 81488	0 51077	0 80489	0 64999	0 80589	0 60610	0 94987	0 54751	0 64970	0 55930	0 61286	0 67874	0 64787	0 65071	5 95096	4 20990	0 76489	0 60087
	Pannetière....	0 76695	0 66144	1 05851	0 58670	1 09979	0 67978	1 90556	0 62801	0 70558	0 67808	0 75873	0 76676	0 78501	0 74046	6 88700	4 66815	0 91850	0 66259
Totaux.	Clamecy.......	0 71662	0 52854	0 52478	0 59787	0 75891	0 56945	0 90886	0 76979	0 59469	0 63780	0 59188	0 69880	0 61695	0 67857	4 59817	4 84079	0 70474	0 69188
	Auxerre.......	0 64859	0 47809	0 73807	0 48653	0 61010	0 47067	0 72777	0 55696	0 50592	0 61808	0 59875	0 65088	0 71970	0 67496	4 59078	3 90014	0 65710	0 55716
	Joigny........	0 68518	0 49999	0 76194	0 58808	0 65818	0 55519	0 76799	0 61470	0 49995	0 66458	0 51955	0 72102	0 70078	0 86970	4 48187	4 40660	0 63819	0 66640
	Sens..........	»	»	»	»	0 60945	0 71067	0 75896	0 77188	0 81111	0 76441	0 48774	0 86776	0 59795	0 89580	9 91151	4 04059	0 58980	0 90810

(K)

ÉVAPORATION.

Marche comparative de l'évaporation mesurée dans deux instruments de dimensions différentes.

Dijon. — Altitude : 240 mètres.

MOIS.	1850.		1851.		1852.		1853.	
	GRAND BASSIN.	PETIT BASSIN.	GRAND BASSIN.	PETIT BASSIN.	GRAND BASSIN.	PETIT BASSIN.	GRAND BASSIN.	PETIT BASSIN.
Janvier.............	0m 040	»	0m 009	0m 011	»	»	0m 006	0m 034
Février............	0 027	»	0 018	0 019	0m 012	0m 001	»	»
Mars...............	0 074	»	0 027	0 011	0 049	0 069	»	»
Avril..............	0 075	»	0 041	0 060	0 098	0 121	0 036	0 038
Mai...............	0 088	0m 007	0 086	0 002	0 080	0 145	0 007	0 066
Juin..............	0 177	0 102	0 108	0 138	0 061	0 105	0 004	0 095
Juillet............	0 102	0 125	0 092	0 133	0 136	0 161	0 188	0 106
Août..............	0 061	0 068	0 079	0 110	0 076	0 108	0 084	0 105
Septembre.........	0 078	0 080	0 032	0 057	0 056	0 067	0 037	0 051
Octobre...........	0 030	0 037	0 022	0 044	0 009	0 044	0 017	0 015
Novembre.........	0 042	0 047	0 011	0 038	0 064	0 099	0 011	0 009
Décembre.........	»	»	»	»	0 005	0 007	»	»
Totaux.....	0m 800	0m 641	0m 526	0m 749	0m 650	1m 084	0m 460	0m 519

OBSERVATIONS.

En 1854, 1855, 1856, 1857, 1858, ces expériences comparatives furent continuées dans le département de la Côte-d'Or, à Pouilly, Dijon, Saint-Jean-de-Losne ; mais, l'Ingénieur ordinaire à l'obligeance duquel je dois cette communication, pense qu'elles sont entachées d'erreurs, sauf celles de Dijon et Saint-Jean-de-Losne qui étaient confiées à un employé sérieux et intelligent.

Voici le résumé annuel pour ces deux stations :

STATIONS.	1856.		1857.	
	GRAND BASSIN.	PETIT BASSIN.	GRAND BASSIN.	PETIT BASSIN.
Dijon.............	0m 63	0m 66	0m 69	0m 76
St-Jean-de-Losnes..	0 44	0 51	0 61	0 76

Ces résultats confirment la règle générale.

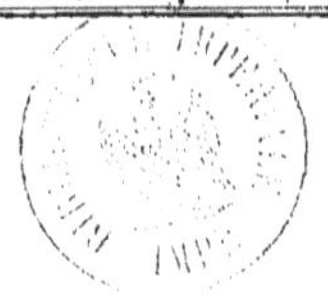

7
=
/
3(
7
10
12
0
8
8
1
=

PLUIES ET NEIGES. — ÉVAPORATION.

Tableau indicatif des pluies et de l'évaporation observées en divers lieux. —— Rapport des quantités qui les expriment.

NOMS DES LIEUX D'OBSERVATION.	PLUIE annuelle	ÉVAPORATION annuelle	RAPPORT de l'évaporation à la pluie	OBSERVATIONS DIVERSES.
Copenhague	0ᵐ 468	0ᵐ 209	0ᵐ 44	3 ans. — Eph. Manh.
Middelbourg	0 665	0 328	0 49	3 ans. — Eph. Manh.
Tegernsée	1 185	0 669	0 56	6 ans. — Eph. Manh.
Pontarlier	1 105	0 626	0 57	7 ans. — Cotte.
Lons-le-Saulnier	1 020	0 722	0 71	2 ans. — Cotte.
Gottingue	0 673	0 479	0 71	4 ans. — Cotte.
Laon	0 649	0 525	0 78	8 ans. — Cotte.
Haguenau	0 677	0 580	0 78	12 ans. — Cotte.
Stockholm	0 489	0 391	0 79	1 an. — Eph. Manh.
Montmorency	0 697	0 500	0 81	30 ans. — Cotte.
Rotterdam	0 872	0 627	0 72	5 ans. — Cotte, manuscrits.
Manheim	0 571	0 534	0 93	12 ans. — Eph. Manh.
Rieux	0 726	0 683	0 94	8 ans. — Cotte.
La Rochelle	0 656	0 626	0 95	4 ans. — Eph. Manh.
Delft	0 763	0 732	0 95	2 ans. — Cotte.
Bréda	0 610	0 628	0 97	5 ans. — Cotte.
Sparendam	0 855	0 855	1 00	4 ans. — Cotte.
Toulouse	0 642	0 649	1 01	3 ans. — Cotte.

NOMS DES LIEUX D'OBSERVATION.	PLUIE annuelle	ÉVAPORATION annuelle	RAPPORT de l'évaporation à la pluie	OBSERVATIONS DIVERSES.
Montdidier	0ᵐ 579	0ᵐ 608	1ᵐ 05	7 ans. — Cotte.
Lille	0 748	0 887	1 19	6 ans. — Cotte.
St-Maurice-le-Girand (Poitou)	0 629	0 740	1 19	3 ans. — Cotte.
Troyes	0 605	0 825	1 36	5 ans. — Cotte.
Poitiers	0 580	0 807	1 39	12 ans. — Cotte, manuscrits.
Londres	0 523	0 754	1 44	5 ans. — Luke Hovart, cl. de Londres
Gênes	1 346	2 041	1 51	1 an. — 1786. — Eph. Manh.
Genève	0 759	1 210	1 61	2 ans. — Bibl. Brit.
Vicence	1 105	1 856	1 67	3 ans. — Eph. Manh.
Catane	0 718	1 602	2 25	4 ans. — Acad. Givienia.
Orange	0 736	1 875	2 54	16 ans. — Comte de Gasparin.
Rome	0 784	2 362	3 01	20 ans. — Prony, Marais Pontins (Calandrelli et Conti).
Bordeaux	0 650	2 013	3 10	Résultat douteux qui aurait dû probablement être divisé par 3.
Arles	0 010	2 563	4 20	5 ans. — Cotte.
Marseille	0 512	2 289	4 47	2 ans. — Eph. Manh.

(M)

ÉVAPORATION.

Marche comparative de l'évaporation mesurée sur trois instruments différents, à la demande de M. de Gasparin.

Dijon. — Altitude : 240 mètres.

MOIS.	Petit bassin de 0ᵐ 06 de profondeur	Petit bassin de 0ᵐ 25 de profondeur	Atmi-domètre du canal.	OBSERVATIONS.
Avril 1856..........	0ᵐ 0897	0ᵐ 0737	0ᵐ 0690	Les observations marquées du signe * offrent des anomalies que nous ne pouvons expliquer, quant à présent. Mais elles sont une exception; on peut les attribuer à des erreurs ou à des circonstances qui ont échappé à l'observateur.
Mai...............	0 0770	0 0698	0 0710	
Juin..............	0 1057	0 1035	0 0675	
Juillet	0 1626	0 1616	0 1134	
Août.............	0 1537	0 1151	0 0945	
Septembre........	0 0772	0 0604	0 0525	
Octobre	0 0188	0 0192	0 0180	
Novembre.........	0 0078	0 0066	0 0085	
Décembre..........	* 0 0311	0 0211	0 0715	
Janvier 1857........	0 0090	0 0091	0 0089	
Février	0 0680	0 0610	0 0560	
Mars	0 0470	0 0413	0 0305	
Avril.............	* 0 0656	0 0699	0 0709	
Mai...............	* 0 0992	0 1017	0 0930	
Juin..............	0 1403	0 1331	0 0935	
Juillet	0 2164	0 2087	0 1270	
Août.............	0 1704	0 1676	0 0993	
Septembre	0 0678	0 0660	0 0520	
Octobre...........	* 0 0246	0 0318	0 0200	
Novembre.........	* 0 0420	0 0660	0 0320	
Décembre..........	* 0 0181	0 0241	0 0720	
Janvier 1858........	0 0200	0 0181	0 0120	
Février	0 0230	0 0200	0 0180	

(N)

CANAL DE BOURGOGNE.

Rapport entre le volume d'eau recueillie dans le réservoir de Grosbois et le volume d'eau pluviale tombée sur le bassin naturel hydrographique.

ANNÉES.		Hauteur du prisme d'eau tombée chaque année.	Hauteur du prisme d'eau évaporée chaque année.	Superficie du bassin naturel du réservoir.	Cube de l'eau tombée chaque année sur le bassin naturel hydrographique du réservoir.	Cube d'eau recueilli chaque année dans le réservoir.	Rapport entre le volume d'eau recueilli dans le réservoir et le volume d'eau pluviale tombée sur le bassin naturel hydrographique.
De 1845 à 1860	Totaux ..	12ᵐ 95	8ᵐ 15		352,125,000ᵐᶜ	193,412,000ᵐᶜ	8.64
	Moyennes	0ᵐ 81	0ᵐ 51	27,500,000ᵐᶜ	22,007,812ᵐᶜ	12,088,250ᵐᶜ	0.54

Superficie du versant naturel (1)...... 27,500,000 mètres carrés.

dont pour les plateaux........... 11,700,000 —

pour les coteaux............. 15,800,000 —

(1) Cette superficie est un peu plus forte que celle que nous avons adoptée.

(O)

Expériences sur l'évaporation des terres.

Nous avons choisi de l'argile du Lias à peu près pure et sans mélange de calcaires ou corps étrangers : après l'avoir réduite en fragments à divers degrés de ténuité, nous en avons pesé un poids de 225 grammes A.

Nous avons pesé un poids égal B de sable calcaire oolitique de grosseur ordinaire.

Puis un mélange en parties égales de ces deux substances C.

Ces matières ont été desséchées à une température naturelle de 20 degrés centigrades.

Dans la première série d'expériences, nous avons mêlé à ces poids de 225 grammes un poids d'eau de 45 grammes, ce qui donne pour le poids de la pâte.............................. 270 grammes.

Dans la seconde série, les échantillons secs pesaient toujours 225 grammes ; mais le poids de l'eau a été porté à 50 grammes, ce qui donne pour le poids de la pâte.................... 275 grammes.

Dans chaque série d'expériences, on a brassé les matières avec l'eau, de manière que celle-ci fût retenue et absorbée par elles : chaque échantillon était déposé dans un vase de même dimension.

Dans les deux premières séries d'expériences, les échantillons A, B absorbaient toute l'eau, surtout l'échantillon B ; une partie de l'eau restait libre dans le vase qui contenait l'échantillon C et se serait perdue dans le sol, si ce vase n'eût pas été imperméable.

Dans la troisième série d'expériences, les 50 grammes d'eau ont à peine suffi à donner à l'échantillon A le liant d'une pâte : l'échantillon B était plus mou : quant à l'échantillon C, il n'a pu retenir les 50 grammes de l'eau dont une partie restait libre.

Après vingt-quatre heures, nous avons mesuré la perte de poids qu'a subie par l'évaporation chacun des trois échantillons exposés en chambre close, sous l'influence d'une température de 20 degrés : le tableau suivant fait connaître les détails de cette opération.

Nous appelons *pouvoir absorbant* P le rapport de la perte de poids P'
des échantillons saturés d'eau r et r' au poids de chacun d'eux sans
eaux, qui est de 225 grammes : $P = \frac{rr'}{225}$.

DÉSIGNATION des échantillons.	POIDS PRIMITIF DES ÉCHANTILLONS		PERTE de POIDS due à l'évaporation P'.	POUVOIR absorbant pour chaque expérience P.	POUVOIR absorbant moyen pour chaque échantillon.	DEGRÉ DE TÉNUITÉ DES MATIÈRES.
	saturés d'eau r.	desséchés naturellement à une température de + 20° r'.				
A	275	243 : 20	31 : 80	0.140		Terre à l'état de poussière de route.
A	270	239 : 20	30 : 80	0.137	0.145	Terre de la grosseur d'un grain de chenevis.
A	270	234 : 70	35 : 30	0.157		Terre de la grosseur d'un petit pois.
B	275	237 : 50	37 : 50	0.166		Terre de la grosseur d'un grain de chenevis.
B	270	233 : 40	36 : 60	0.162	0.170	Id.
B	270	228 : 20	41 : 80	0.186		Id.
C	275	242 : 50	32 : 50	0.144		Terre comme à la 1re expérience.
C	270	236 : 70	33 : 80	0.148	0.150	Terre comme à la 2e expérience.
C	270	232 : 80	37 : 20	0.165		Terre comme à la 3e expérience.

Les chiffres de la sixième colonne indiquent que si le pouvoir absorbant (c'est-à-dire, la faculté de retenir l'eau), est en raison directe de
la facilité avec laquelle, toutes choses égales, la terre cède à l'air ambiant par l'évaporation l'eau qu'elle renferme (faculté qui n'est autre
que l'aptitude à la dessiccation par l'action de l'air), l'argile pure possède un pouvoir absorbant moindre (0.145) que le sable pur (0.17) et
que le mélange de ces deux corps ou argile sablonneuse possède un
pouvoir intermédiaire (0.15).

(P)

PLUIES ET NEIGES. — ÉVAPORATION.

Résumé des Tableaux **A, B, C, D, E, H-H₁, H₂, H₃**, classé dans l'ordre où les observations ont été faites sur les diverses régions du territoire désignées par la carte annexée au Mémoire **(S)**.

DÉPARTEMENTS.	NUMÉROS des stations sur la carte.	NOMS DES STATIONS.	DURÉE des OBSERVATIONS.	ALTITUDES orographiques	LATITUDES géographiques.	LONGITUDES géographiques.	TRANCHE moyenne annuelle de pluie tombée.	TRANCHE moyenne annuelle de l'eau évaporée.	MOYENNES ANNUELLES par régions territoriales — Pluie.	Evaporation.	OBSERVATIONS.
1	2	3	4	5	6	7	8	9	10	11	12
Côte-d'Or	1	St-Jean-de-Losne.	20 ans.	180 mètres.	47 / 48	3 / 4	0m 7823	0m 6583			Les chiffres inscrits dans les colonnes 8, 9, 10, 11, entre parenthèses, sont les résultats moyens, déduction faite de ceux des stations de Gondrexanges et de Montrejeau.
Côte-d'Or	2	Dijon.	20 ans.	240 —	47 / 48	3 / 4	0 7027	0 6665			
Côte-d'Or	3	Pouilly-en-Auxois.	20 ans.	400 —	47 / 48	3 / 4	0 7724	0 5689	0m 7036	0m 6066	
Côte-d'Or	4	Montbard.	20 ans.	215 —	47 / 48	4	0 6907	0 5887			
Yonne	5	Laroche-sur-Yonne.	10 ans.	87 —	47 / 48	4 / 5	0 5702	0 5507			
Meuse	6	Bar-le-Duc.	6 ans.	185 —	48 / 49	3 / 4	0 7749	0 5805			
Meuse	7	Chanteraines.	4 ans.	182 —	48 / 49	3 / 4	0 7141	0 6289	0m 7486 (0 7445)	0m 5228 (0 5797)	
Meurthe	8	Gondrexanges.	4 ans.	267 —	48 / 49	1 / 2	0 7570	0 4090			
Haute-Garonne	9	Montrejeau.	6 ans.	479 —	43	7 / 8	0 8442	1 2305			
Lot-et-Garonne	10	Agen.	6 ans.	55 —	44 / 45	7 / 8	0 6825	0 8329	0m 7102 (0 6656)	0m 8734 (0 7543)	
Gironde	11	Langon.	6 ans.	43 —	44 / 45	8 / 9	0 6847	0 5820			
Gironde	12	Cadillac.	8 ans.	8 —	44 / 45	8 / 9	0 6797	0 8481			
Nièvre	13	Decize.	7 ans.	195 —	46 / 47	4 / 5	0 7630	0 4078			
Nièvre	14	Baye.	7 ans.	280 —	47 / 48	4 / 5	0 7543	0 6005			
Nièvre	15	Pannetière.	7 ans.	275 —	47 / 48	4 / 5	0 9195	0 6025			
Nièvre	16	Clamecy.	7 ans.	147 —	47 / 48	4 / 5	0 7047	0 6915	0m 7152	0m 6365	
Yonne	17	Auxerre.	7 ans.	130 —	47 / 48	4 / 5	0 6571	0 5571			
Yonne	18	Joigny.	7 ans.	82 —	48	4 / 5	0 6331	0 6384			
Yonne	19	Sens.	5 ans.	75 —	48	5 / 6	0 5823	0 8081			
MOYENNES			9 ans 4 mois.	185 mètres.	47	5	0m 7161 (0 7065)	0m 6605 (0 6118)	0m 7194 (0 7072)	0m 6508 (0 6042)	

(Q)

PLUIES ET NEIGES. — ÉVAPORATION.

Résumé des Tableaux A, B, C, D, E, H-H₁, H₁, H₂, divisé en trois régions principales : Centre, Sud-Ouest, Nord-Est.

DÉPARTEMENTS.	NUMÉROS des stations sur la carte.	NOMS DES STATIONS.	DURÉE des OBSERVA-TIONS.	ALTITUDES oro-graphiques	LATITUDES géogra-phiques.	LONGITUDES géogra-phiques.	TRANCHE moyenne annuelle de pluie tombée.	TRANCHE moyenne annuelle de l'eau évaporée.	MOYENNES ANNUELLES par zônes territoriales. Pluie.	Evapora-tion.	OBSERVATIONS.
1	2	3	4	5	6	7	8	9	10	11	12
RÉGION DU CENTRE.											
Côte-d'Or	1	St-Jean-de-Losne.	20 ans.	180 mètres.	47 48	3 4	0ᵐ 7828	0ᵐ 6583			Les chiffres inscrits dans les colonnes 10, 11, entre parenthèses, sont ceux que l'on obtient en faisant abstraction des séries de Montrejeau et de Gondrexanges.
Côte-d'Or	2	Dijon.	20 ans.	240 —	47 48	3 4	0 7027	0 6665			
Côte-d'Or	3	Pouilly-en-Auxois.	20 ans.	400 —	47 48	3 4	0 7724	0 5089			
Côte-d'Or	4	Montbard.	20 ans.	215 —	47 48	4	0 6907	0 5887			
Yonne	17	Auxerre.	7 ans.	130 —	47 48	4 5	0 6571	0 5571			
Yonne	5	Laroche-sur-Yonne.	10 ans.	87 —	47 48	4 5	0 5702	0 5507	0ᵐ 7104	0ᵐ 6941	
Yonne	18	Joigny.	7 ans.	89 —	48	4 5	0 6331	0 6384			
Yonne	19	Sens.	5 ans.	75 —	48	5 6	0 5823	0 8081			
Nièvre	13	Decize.	7 ans.	195 —	46 47	4 5	0 7680	0 4978			
Nièvre	14	Baye.	7 ans.	280 —	47 48	4 5	0 7548	0 6005			
Nièvre	15	Pannelière.	7 ans.	275 —	47 48	4 5	0 9125	0 5526			
Nièvre	16	Clamecy.	7 ans.	147 —	47 48	4 6	0 7047	0 6915			
MOYENNES			11 ans 5 mois.	192 mètres.	47 1/2	»	0ᵐ 7104	0ᵐ 6941			
RÉGION DU SUD-OUEST.											
Haute-Garonne	9	Montrejeau.	6 ans.	472 mètres.	43	7 8	0ᵐ 8442	1ᵐ 2305			
Lot-et-Garonne	10	Agen.	6 ans.	55 —	44 45	7 8	0 6895	0 8329	0ᵐ 7102 (0 6656)	0ᵐ 8734 (0 7543)	
Gironde	11	Langon.	6 ans.	43 —	44 45	8 9	0 6347	0 5890			
Gironde	12	Cadillac.	8 ans.	6 —	44 45	8 9	0 6797	0 8481			
MOYENNES			6 ans 6 mois.	144 mètres.	44	»	0ᵐ 7102	0ᵐ 8734			
RÉGION DU NORD-EST.											
Meuse	6	Bar-le-Duc.	6 ans.	185 mètres.	48 49	3 4	0ᵐ 7749	0ᵐ 5505			
Meuse	7	Chanteraines.	4 ans.	182 —	48 49	3 4	0 7141	0 6989	0ᵐ 7486 (0 7445)	0ᵐ 5928 (0 5797)	
Meurthe	8	Gondrexanges.	4 ans.	267 —	48 49	1 2	0 7570	0 4090			
MOYENNES			4 ans 8 mois.	211 mètres.	48 1/2	»	0ᵐ 7486	0ᵐ 5928	0ᵐ 7194 (0 7072)	0ᵐ 8598 (0 6642)	

(R)

Courbes des Pluies et Neiges et de l'Évaporation.

(s)

CARTE DE LA FRANCE

et des Régions dans lesquelles les observations
ont été faites.

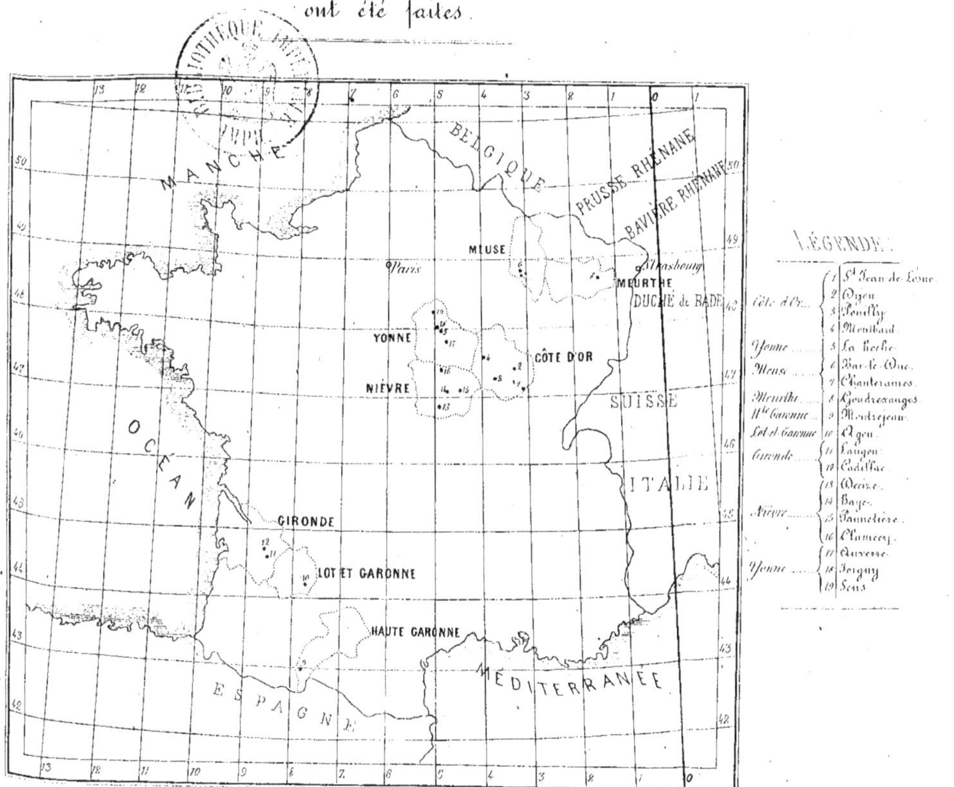

www.ingramcontent.com/pod-product-compliance
Ingram Content Group UK Ltd.
Pitfield, Milton Keynes, MK11 3LW, UK
UKHW021232140726
13695UKWH00002B/903